Аладдин Ахмедов
Джейхун Гамидова
Эльхан Исаков

Вязкостные присадки полиалкилметакрилатного типа

AF138171

Аладдин Ахмедов
Джейхун Гамидова
Эльхан Исаков

Вязкостные присадки полиалкил-метакрилатного типа

Сополимеры с циклическими мономерами и другие типы полиалкилметакрилатов

LAP LAMBERT Academic Publishing

Impressum / Выходные данные

Bibliografische Information der Deutschen Nationalbibliothek: Die Deutsche Nationalbibliothek verzeichnet diese Publikation in der Deutschen Nationalbibliografie; detaillierte bibliografische Daten sind im Internet über http://dnb.d-nb.de abrufbar.

Alle in diesem Buch genannten Marken und Produktnamen unterliegen warenzeichen-, marken- oder patentrechtlichem Schutz bzw. sind Warenzeichen oder eingetragene Warenzeichen der jeweiligen Inhaber. Die Wiedergabe von Marken, Produktnamen, Gebrauchsnamen, Handelsnamen, Warenbezeichnungen u.s.w. in diesem Werk berechtigt auch ohne besondere Kennzeichnung nicht zu der Annahme, dass solche Namen im Sinne der Warenzeichen- und Markenschutzgesetzgebung als frei zu betrachten wären und daher von jedermann benutzt werden dürften.

Библиографическая информация, изданная Немецкой Национальной Библиотекой. Немецкая Национальная Библиотека включает данную публикацию в Немецкий Книжный Каталог; с подробными библиографическими данными можно ознакомиться в Интернете по адресу http://dnb.d-nb.de.

Любые названия марок и брендов, упомянутые в этой книге, принадлежат торговой марке, бренду или запатентованы и являются брендами соответствующих правообладателей. Использование названий брендов, названий товаров, торговых марок, описаний товаров, общих имён, и т.д. даже без точного упоминания в этой работе не является основанием того, что данные названия можно считать незарегистрированными под каким-либо брендом и не защищены законом о брендах и их можно использовать всем без ограничений.

Coverbild / Изображение на обложке предоставлено: www.ingimage.com

Verlag / Издатель:
LAP LAMBERT Academic Publishing
ist ein Imprint der / является торговой маркой
OmniScriptum GmbH & Co. KG
Heinrich-Böcking-Str 6-8, 66121 Saarbrücken, Deutschland / Германия
Email / электронная почта: info@lap-publishing.com

Herstellung: siehe letzte Seite /
Напечатано: см. последнюю страницу
ISBN: 978-3-659-31535-0

ОГЛАВЛЕНИЕ

ВВЕДЕНИЕ

Надежная и долговечная эксплуатация машин и механизмов, во многом, зависит от качества применяемых в них смазочных масел. Смазочные масла, как элементы конструкции машин и механизмов, имеют композиционный состав и включают в себе присадки различного функционального назначения, в том числе и вязкостные присадки. Вязкостные присадки имеют особое значение, т.к. при разработке смазочных масел первым делом обращают на вязкостно-температурные характеристики базовых масел. Если базовое масло по указанным характеристикам не отвечает предъявляемым требованиям, то на его основе смазочное масло не разрабатывают. Коренное решение получения масел, обладающих хорошими вякостно-температурными характеристиками возможно лишь при использовании в их составе вязкостных присадок.

Информацию о вязкостных присадках можно было найти в следующих монографиях: А.М.Кулиев, Химия и технология присадок к маслам и топливам, изд. «Химия»: Ленинград, 1985; С.З.Каплан, И.Ф.Радзевенчук, Вязкостные присадки и загущенные масла, изд. «Химия»: Ленинград, 1982; А.И.Ахмедов, В.М.Фарзалиев, Р.М.Алигулиев, Полимерные присадки и масла, изд. «Елм»: Баку, 2000.

Однако указанные источники устарели и стали дефицитными. Поэтому настало необходимость написания более современного материала, отражающего последние достижения исследований в области разработки вязкостных присадок к нефтяным маслам.

Критические замечания читателей с удовольствием будут приняты авторами.

ГЛАВА 1. ВЯЗКОСТЬ И ВЯЗКОСТНО-ТЕМПЕРАТУРНЫЕ СВОЙСТВА СМАЗОЧНЫХ МАСЕЛ

Вязкостью или внутренним трением называют свойство жидкости сопротивляться взаимному перемещению ее частиц, вызываемому действием приложенной к жидкости силы.

Для нормальных «ньютоновских» жидкостей, представляющих собой индивидуальные вещества, молекулярно-дисперсные смеси или растворы, вязкость при данной температуре и давлении является неизменным, постоянным физическим свойством ее величина не зависит от условий определения и скорости перемещения частиц, если не создаются условия для турбулентного движения.

Для коллоидных растворов вязкость не является постоянной величиной и значительно меняется с изменением скорости течения. Аномальная вязкость коллоидных систем называется «структурной вязкостью». В данном случае частицами, перемещающимися друг относительно друга в потоке, являются не молекулы, как в нормальных жидкостях, а коллоидные мицеллы, способные дробиться и деформироваться под действием внешних сил или изменений потока, в результате чего измеряемая вязкость уменьшается, или наоборот, увеличивается.

Большинство жидких нефтепродуктов не проявляет признаков структурной вязкости в широком интервале температур, хотя они и представляют собой относительно сложные, ассоциированные жидкости, однако, при этом не обладают коллоидной структурой, признаки которой обнаруживаются у жидких нефтепродуктов лишь при низких температурах, приближающихся к температурам потери текучести. Поэтому вязкость жидких нефтепродуктов при положительных температурах – это вязкость «ньютоновских» жидкостей.

Вязкость характеризуется величиной η, которая называется динамической вязкостью. Впервые формулировка динамической вязкости была проведено врачом Пуазейлем в 1842 году при изучении процессов циркуляции крови в кровеносных сосудах. Пуазейль использовал в своих опытах очень узкие капилляры (диаметром 0,03-0,14 мм), в которых возможно только ламинарное течение, тогда как исследователи, работавшие до него, применяли более широкие капилляры и сталкивались с возникающим в таких случаях турбулентным истечением жидкости.

Осуществив серию опытов с капиллярами, Пуазейль пришел к формуле

$$V = KPD^2 / L$$

где   *V – объем жидкости, вытекающей через капилляр;*

P – давление, при котором происходило это истечение;

D – диаметр капилляра;

L – длина капилляра;

K – константа Пуазейля.

Современная формула Пуазейля имеет следующий вид:

$$\eta = \pi P r^4 \tau / 8VL$$

где   *η   - динамическая вязкость;*

   τ   - время истечения жидкости в объеме V;

   r   - радиус капилляра;

остальные обозначения те же.

За единицу динамической вязкости η принимается то сопротивление, которое оказывает жидкость, при относительном перемещении двух ее слоев площадью в 1 см^2, находящихся друг от друга на расстоянии 1 см, под влиянием внешней силы в 1 дину, при скорости перемещения в 1см/сек.

Размерность динамической вязкости в системе СГС: г/см·сек и названа в честь Пуазейля – Пуазом (П). В Международной системе единиц СИ динамическая вязкость имеет размерность:

$$1П = 0,1Па·с \text{ (Паскаль·секунда)}$$

Кроме понятия о динамической вязкости, в технике широко употребимо понятие кинематической вязкости. Кинематическая вязкость ν представляет собой отношение динамической вязкости данной жидкости к ее плотности при той же температуре:

$$\nu = \eta / d$$

Размерность кинематической вязкости в системе СГС: см²/сек и названа в честь Стокса – Стоксом (Ст). сотая часть Ст – санти-Стокс (сСт). В системе СИ:

$$1 \text{ сСт} = 10^{-6} \text{ м}^2/\text{с} = 1 \text{ мм}^2/\text{с}$$

Таким образом, Стокс (Ст) представляет собой вязкость жидкости, плотность которой равна 1 г/см³ и которая оказывает взаимному перемещению двух слоев жидкости площадью в 1 см², находящихся на расстоянии 1 см один от другого и перемещающихся один относительно другого со скоростью 1 см/сек, силу сопротивления в 1 дину.

Динамическая и кинематическая вязкости являются вполне определенными физическими характеристиками, которые, как и все другие величины, могут быть поставлены в те или другие расчетные формулы.

Как ужс было отмечено, вязкость характеризует свойство данной жидкости оказывать сопротивление при перемещении одной части жидкости относительно другой. Такое сопротивление имеет место как при движении жидкости относительно какого-либо тела в жидкости. Оба эти случая дают принципиальную возможность измерения вязкости различными способами. Наиболее удобным способом измерения вязкости при движении жидкости относительно твердого тела является наблюдение за истечением исследуемых жидкостей из капиллярных трубок. При этом для расчета вязкости используются формулой Пуазейля.

В технике применения нефтепродуктов, особенно смазочных масел, зависимость вязкости от температуры имеет громадное значение при оценке качеств нефтепродуктов. Вязкость, являющаяся важнейшей практической характеристикой, без указания температуры, при которой она измерена, по существу, ни о чем не говорит.

Если учесть, что в условиях применения нефтепродуктов температурный режим смазывания может довольно заметно колебаться и то, что вязкость нефтепродуктов изменяется с температурой не пропорционально, то станет понятно, почему на практике изменению вязкости с температурой придают исключительно большое значение, поскольку вязкость определяет гидродинамический режим смазки.

Общим для нефтепродуктов является следующий характер изменения вязкости с температурой: при незначительном понижении температуры наблюдается значительное увеличение вязкости; при повышении температуры имеет место обратная картина. Это изменение вязкости с температурой тем больше, чем более вязким является нефтепродукт.

Как уже было отмечено, изменение вязкости смазочных масел с температурой имеет большое практическое значение. Так, например, масло, вполне пригодное при повышенной температуре, может оказаться слишком вязким при обычной пусковой температуре механизма, и следовательно, в данном случае придется часть полезной мощности механизма израсходовать на преодоление внутреннего трения масла. Поэтому ценны те масла, для которых температурные изменение вязкости невелики, т.е. масла с пологой кривой вязкости.

Как установил Россини, зависимость вязкости от температуры нефтяных масел находится в очень тесной связи с их химическим составом. Установлено, что вязкость масел ароматического основания весьма резко меняется при термическом воздействии, в то время, как масла из нефтей парафинового основания обладают наиболее пологой кривой зависимости вязкости от температуры.

В связи с интенсивным развитием машиностроения, вопросы зависимости вязкости смазочных масел от температур приобрели особую остроту и актуальность. Возникла необходимость таких характеристик, которые численно выражали бы зависимость вязкости от температуры и давали возможность сравнительной оценки пригодности тех или иных сортов масел.

Выход был найден в так называемой системе индексов вязкости. Однако, ценность ее с практической точки зрения весьма ограничена. Дело в том, что индекс вязкости, показывающий зависимость вязкости от температуры в сравнительных единицах, отражают эту зависимость в пределах двух общепринятых для измерения вязкости температур, например, 40 и 100° C; 37,8 и $98,9^\circ$C. Однако, этот температурный предел не может охарактеризовать состояние и поведение масел в рабочих условиях, в которых, как правило, температуры довольно резко отличаются от температур, при которых производится измерения вязкости.

В самом деле, если пуск двигателя производится при очень низких температурах, то на практике это может привести к тому, что масла с высоким индексом вязкости могут совсем потерять свою подвижность, в результате образования пластической коллоидной системыиз сольватированных маслом кристаллов парафина и жидкого масла, в то время, как масла с низким индексом могут ее сохранить. С другой стороны, приходится считаться с тем, что при высоких температурах, развивающихся в двигателях внутреннего сгорания, вязкости различных масел будут весьма малы и примерно одинаковы.

7

Поэтому при очень высоких температурах вязкость, очевидно, уже не играет столь заметной роли и уступает место смазывающей способности, так как, по-видимому, в этих случаях смазка осуществляется при помощи тончайшего слоя, может быть даже и молекулярного.

Единственным достоинством индекса вязкости следует считать то, что они представляют попытку определять вязкостно-температурные характеристики масел, пользуясь минимальным числом экспериментальных точек.

В 1982 году был введен ГОСТ 25371-82 (пересмотрен 1998 году), согласно которому индекс вязкости рассчитывается по формуле, которая включает значения вязкости масел при 40 и 100°С.

При переработке нефти по схеме получения смазочных масел, наряду с маслами с относительно высокой вязкостью получаются и маловязкие масла, которые не пригодны к использованию в качестве смазочных масел.

С другой стороны, следует отметить, что развитие моторостроения в определенной степени сдерживается недостаточным количеством имеющихся ресурсов высококачественных моторных масел. Эксплуатация существующего большого парка автомобилей требует производства необходимого количества таких масел.

Современное моторное масло должно отвечать определенному комплексу требований и обеспечивать надежную работу двигателей, как на высокотемпературном, так и на низкотемпературном режимах. Индекс вязкости современных моторных масел должен быть не менее 93 (загущенных – не менее 125). Чтобы обеспечить моторный парк высококачественными маслами, необходимо иметь хорошие базовые масла. Следует отметить, что улучшение качества масел позволит резко сократить расход смазочных материалов.

Большое внимание уделяется также созданию всесезонных моторных масел, позволяющих надежно эксплуатировать двигатели в различных климатических условиях.

Перечисленные проблемы можно частично разрешить за счет применения вязкостных присадок в составе маловязких нефтяных масел – при этом увеличится количество моторных и трансмиссионных масел, улучшатся вязкостно-температурные свойства базовых и смазочных масел, и будет обеспечено получение всесезонных масел, поскольку получение загущенных масел является радикальным средством улучшения качеств смазочных масел.

Масла на низковязкой основе, загущенные полимерами, по сравнению с обычными дистиллятными, остаточными и смешанными маслами обладают рядом известных преимуществ: малыми значениями показателей v_{40}/v_{100}, значительно меньшей вязкостью при низких температурах, большей вязкостью при температурах выше 100°C и отсюда замена обычного масла загущенным, с равной вязкостью при 100°C – снижение трения на 13%..Однако, при этом имеются специфические особенности. Так, сравнительно низкие пределы выкипания применяемых масляных основ предопределяют отсутствие в них полициклических ароматических углеводородов, а это влечет за собой повышенную окисляемость основ. Отсюда и необходимость более высоких концентраций антиокислительных присадок в маслах, загущенных на таких основах.

Иногда нефтяные масла даже с высокоэффективными присадками не удовлетворяют по вязкостно-температурным и другим эксплуатационным свойствам, предъявляемым к ним требованиям. В этих случаях для получения загущенных масел кроме низковязких нефтяных масел используют синтетические, полусинтетические или частично синтетические масла, в основном олигомеры α-олефинов и эфиры двухосновных кислот. Иногда для загущения применяют смешанные углеводородные и сложноэфирные синтетические масла. Следует отметить также, что большинство сложноэфирных масел имеет вязкость при 100°C порядка 3-5 мм^2/с. Используемые в настоящее время синтетические смазочные масла должны иметь вязкость при 100°C не менее 7-8 мм^2/с (при 130°C – 5 мм^2/с). Значит, для получения таких масел, основу надо загущать до необходимого уровня.

Таким образом, в качестве основы для загущения можно использовать нефтяные, синтетические полиолефиновые и сложноэфирные масла и их различные сочетания.

В качестве вязкостных присадок использованы различные полимеры и сополимеры ряда виниловых мономеров, однако преимущество имеют вязкостные присадки полиалкилметакрилатного типа – как по эксплуатационным свойствам, так и по способам получения.

ГЛАВА 2. ВЯЗКОСТНЫЕ ПРИСАДКИ ПОЛИАЛКИЛМЕТАКРИЛАТНОГО ТИПА

2.1. Сополимеры с циклическими мономерами

Смазочные масла характеризуются комплексом функциональных показателей, среди которых важное место занимают вязкостно-температурные свойства. Последние зависят от углеводородного состава масел, технологии переработки нефти и др. Однако радикальное решение проблемы улучшения вязкостно-температурных свойств масел возможно лишь использованием в их составе вязкостных присадок, так как этот путь считается более простым, экономически выгодным и надежным.

В качестве вязкостных присадок преимущество отдается полимерам сложных эфиров акриловой или метакриловой кислот с высшими жирными спиртами нормального строения, которые по улучшению низкотемпературных свойств загущенных ими масел незаменимы. Следует отметить, что сложноэфирные группы придают полимерной цепи жесткость, что обусловливает протекание деполимеризационных процессов под действием высокой температуры, которые отрицательно влияют на вязкостно-температурные свойства загущенных масел. Поэтому исследованные в последние годы вязкостные присадки полиалкил(мет)акрилатного типа представляют собой различные сополимеры метакрилатов со стабилизирующими сомономерами. Видимо, при этом происходит химическая модификация структуры полимеров, положительно влияющая на их устойчивость против деструктивных воздействий. С другой стороны, вязкостные присадки полиалкилметакрилатного типа получаются по экологичной и простой технологии – методом радикальной полимеризации.

Исходя из изложенного, нами проведены исследования по разработке вязкостных присадок полиалкил(мет)акрилатного типа путем сополимеризации исходных акрилатов или метакрилатов со стиролом.

Указанные мономеры синтезированы нами в лабораторных условиях по известной методике этерификацией соответствующих кислот со спиртами. Катализатором процесса служит катионит КУ-2. В качестве спиртов использованы как индивидуальные образцы (гептиловый спирт) или их фракции (фракция C_{18}-C_{20}). Использование фракции спиртов взамен индивидуальных обеспечивает дешевизну целевой продукции.

Полученные мономеры использовали в реакции сополимеризации в свежеперегнанном виде, при концентрации основного вещества не ниже 98% (хроматографический анализ). Стирол также использовали в свежеперегнанном виде.

Сополимеризация проводилась по радикальному механизму с использованием в качестве инициатора динитрила азо-(бис)-изомасляной кислоты (ДИНИЗ):

Сополимеризация акрилатов со стиролом с целью получения вязкостных присадок впервые проведена нами.

Было изучено влияние соотношения мономеров, температуры и продолжительности реакции на результаты процесса. Выявлено, что повышение температуры в интервале 65-85°C приводит к снижению молекулярной массы сополимера от 30000 до 15000; при этом выход сополимера увеличивается от 78 до 96%. Известно, что повышение

12

температуры приводит к увеличению скорости всех реакций, в том числе и реакций, приводящие к прекращению роста полимерной цепи, в конечном итоге это отражается на значении молекулярной массы сополимера, т.е. она снижается.

Увеличение продолжительности сополимеризации до 3ч. приводит к повышению выхода и молекулярной массы сополимеров, что характерно для радикальной полимеризации. Дальнейшее увеличение продолжительности (4ч) практически не влияет на результаты процесса.

Изучение влияния содержания стирола в исходной смеси мономеров показало, что изменение его концентрации в интервале 5-20% не влияя на выход сополимера, увеличивает его молекулярную массу, что объясняется высокой реакционной способностью стирола в радикальной полимеризации.

Проведенные исследования показали, что молекулярную массу сополимеров можно регулировать также изменением концентрации инициатора. Так, увеличение его содержания от 0,3 до 0,9% приводит к снижению значения молекулярной массы от 25000 до 13000, так как при этом увеличивается число активных центров; с увеличением расхода инициатора выход сополимеров повышается от 70 до 98%.

При сополимеризации указанных пар мономеров возможны также реакции гомополимеризации как акрилатов, так и стирола. Следует отметить, что гомополимеризация акрилатов не исключается. Однако протекание гомополимеризации стирола маловероятно, так как электронная плотность винильных групп акрилата и стирола сильно различается: электронная плотность винильной группы стирола больше, чем у акрилатов (-COOR группа является сильным электроакцептором). По той же причине электронная плотность на активном конце растущей цепи выше, если там находится стирольный остаток, а не звено акрилата. В связи с тем, что частицы с повышенной электронной плотностью стремятся прежде всего реагировать с такими, у которых электронная плотность меньше, радикал со стирольным концевым звеном будет предпочтительно присоединять акрилат, а радикал с остатком акрилата на конце цепи – стирол. Поэтому в данном случае вероятность образования гомополимера стирола мала.

Структура синтезированных сополимеров изучена методами ИК-и-ПМР-спектроскопии. ИК-спектры были сняты получением пленок исследованных сополимеров, а ПМР-спектры – в растворе CCl_4 .

В ИК-спектре присутствуют полосы поглощения с частотами 1720, 1725 и 1760 см$^{-1}$, которые характеризуют звенья акрилатов, а также полосы поглощения с частотой 1600 см$^{-1}$, приписываемая звеньям стирола.

Сигналы в ПМР-спектре (в м.д.) отнесены к следующим группам: 1,4 – к CH_2-C –, 2,1 – к CH_2-CO –, 3,83 – к C-CH_2-O-CO-, 3,17 – к Ph-CH-, 1,67 к – C-CH_2-C-Ph, 6,9 – к CH- Ph

На основе проведенных исследований предложена приблизительная общая формула для синтезированных сополимеров:

$$\left[(-CH_2-CH)_n -CH_2-CH- \right]_m$$

где $n=2-3$, $m=17-24$, $R=C_7-C_{18}$

Синтезированные сополимеры исследованы в качестве вязкостных присадок к маловязким маслам, в качестве которого использовано масло И-12А. Результаты проведенных исследований представлены в табл.1

Как видно из данных табл.1, при одинаковом значении молекулярной массы (17000) сополимера увеличение его концентрации в масле в интервале 0,5-7% приводит к увеличению индекса вязкости полученных загущенных масел от

120 до 150. 5% концентрация сополимера дает возможность получить базовое загущенное масло с вязкостью при 100°C порядка 8 мм²/с, которое по значению индекса вязкости отвечает современным требованиям (не ниже 125).

Таблица 1. Исследование сополимеров алкилакрилатов со стиролом в масле И-12А

Характеристика					
сополимера			загущенного масла		
молекулярная масса	содержание стирольных звеньев, %	концентрация в масле И-12А	вязкость при 100°C, мм²/с	индекс вязкости	тем-ра застывания, °C
Масло И-12А					
-	-	-	3,27	90	-30
17000	18,4	0,5	4,96	120	-36
17000	18,4	1	5,41	130	-40
17000	18,4	3	6,78	146	-40
17000	18,4	5	7,65	148	-40
17000	18,4	7	9,26	150	-40
18000	9,1	1	5,01	130	-40
18000	18,4	1	5,03	130	-40
18000	27,9	1	5,02	130	-40
13000	ПМА «В» промышленный	1	4,09	132	-30

Как видно из данных табл.1, при одинаковом значении молекулярной массы (17000) сополимера увеличение его концентрации в масле в интервале 0,5-7% приводит к увеличению индекса вязкости полученных загущенных масел от 120 до 150. 5% концентрация сополимера дает возможность получить базовое загущенное масло с вязкостью при 100°C порядка 8 мм²/с, которое по значению индекса вязкости отвечает современным требованиям (не ниже 125).

Как видно, увеличение концентрации сополимера от 0,5 до 1% в составе масла И-12А приводит к снижению его температуры застывания в интервале минус 36 - минус 40^0С. Дальнейшее увеличение содержания сополимера в составе масла не приводит к положительному эффекту. Изменение содержания стирольных звеньев в составе сополимера в интервале 8-27,9% также не ухудшает температуры застывания полученных загущенных масел.

Таким образом, сополимеризацией алкилакрилатов со стиролом получаются бифункциональные присадки, улучшающие вязкостно-температурные и депрессорные свойства маловязких масел.

Если вязкостная присадка предназначена для использования в составе синтетических масел, то для ее синтеза в качестве основного мономера используется бутилметакрилат. Уменьшение длины алкильного радикала в метакрилатах, а также вовлечение в сополимеризацию стирола увеличивают термическую устойчивость полученных полимерных соединений. Так, сополимеризацией бутилметакрилата со стиролом получены сополимеры молекулярной массой $(16\text{-}25)\cdot 10^3$ с содержанием стирольных звеньев 5-30% и выходом 95-97%. Ниже приведена схема синтеза указанных сополимеров и их общая формула:

где   n = 2-11, m = 8-50

С целью определения порядка реакции термической деструкции указанных сополимеров в растворе пентаэритритового эфира, деструкцию проводили при одинаковой температуре (200°C), но различной концентрации вязкостной присадки. Для каждой концентрации (C, моль/л) определяли снижение кинематической вязкости загущенного масла при 100°C; по результатам опытов находили зависимость устойчивости вязкостных присадок от их концентрации (рис. 1, а) и рассчитывали скорость деструкции v делением значения снижения вязкости на время. Затем строили график зависимости lg$v$ от lg$C$ (рис. 2, а) и вычисляли тангенс угла наклона, который равен порядку реакции n по концентрации сополимера в масле (n=1, 3).

Проводили также исследования при различной молекулярной массе M сополимеров и одинаковой их концентрации в масле. Был построен график зависимости (см. рис. 2, б), по наклону, которой вычисляли тангенс, равный порядку реакции m деструкции по молекулярной массе (-3,63).

а)

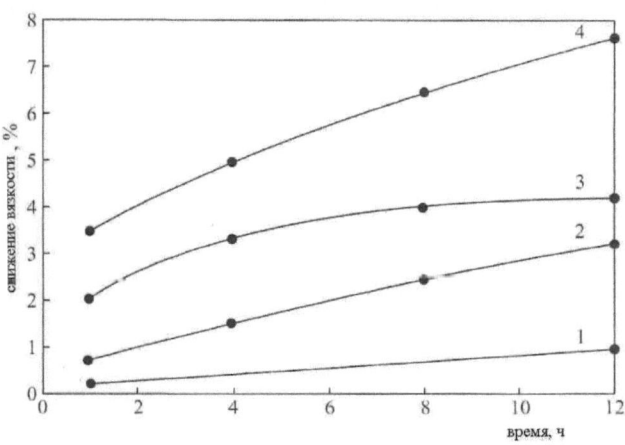

б)

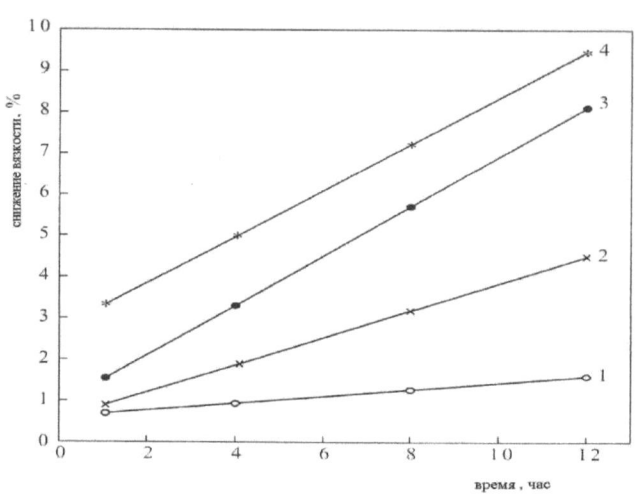

Рис. 1. Зависимость снижения вязкости пентаэритритового эфира от времени при различных концентрациях (а) и молекулярной массы (б) сополимеров бутилметакрилата со стиролом

а: 1,2,3,4 – *С* составляет соответственно 3,5,7 и 9%

б: 1,2,3,4 – *М* составляет соответственно 11000, 14000, 17000 и 19000

а)

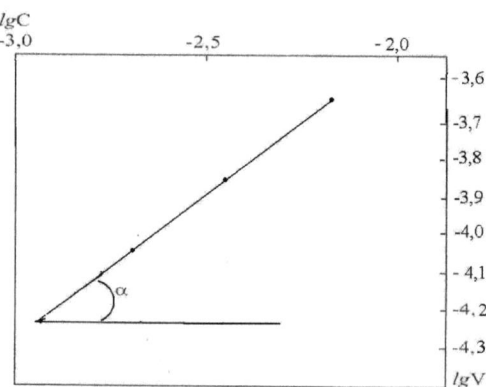

б)

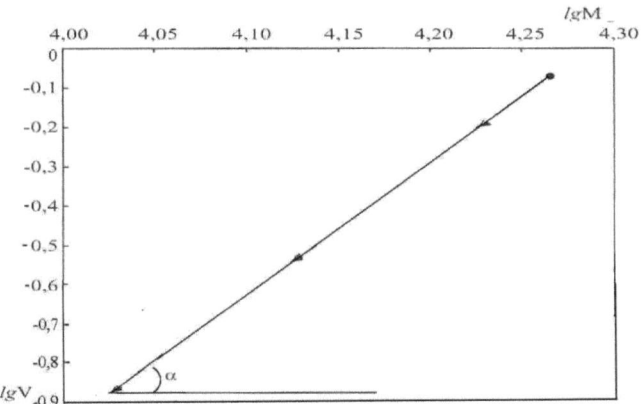

Рис. 2. Зависимость скорости деструкции от концентрации (а) и молекулярной массы (б) сополимеров бутилметакрилата со стиролом в растворе пентаэритритового эфира

Таким образом, проведенные исследования показывают, что термическая деструкция сополимера бутилметакрилата со стиролом в растворе масел описывается уравнением:

$$N = KC^n M^m = KC^{0,8} M^{3,6}.$$

Полученные результаты хорошо согласуются с результатами исследований, посвященных изучению кинетики вязкостных присадок в растворе масел.

Исследование сополимеров C_{12}-C_{16} алкилметакрилатов со стиролом в составе масел показало, что они обладают загущающими и депрессорными свойствами. Найдены условия, обеспечивающие получение сополимеров с необходимыми характеристиками.

Сделаны рекомендации по использованию исследованных сополимеров в качестве бифункциональных присадок.

Известно что, полимеры C_{12}-C_{16} алкилметакрилатов используются в качестве депрессорной присадки. Этот полимер – присадка ПМА «Д», улучшает также вязкостно-температурные характеристики смазочных масел, однако из-за низкой устойчивости к деструктивным воздействиям в составе нефтяных масел, в качестве вязкостной присадки не используется. На указанные свойства наряду с длиной боковой алкильной цепи влияет и высокое значение молекулярной массы (16000-17000) полиалкилметакрилата «Д». Поэтому интересно было бы, сохраняя депрессорные свойства ПМА «Д», повысить его устойчивость к деструкции. Это позволило бы использовать указанный полимер и в качестве загустителя и тем самым сократить число полимеров, используемых для увеличения вязкости, и для снижения температуры застывания, т. е. объединить в одной макромолекуле свойства полиалкилметакрилатов ПМА «В» и ПМА «Д».

С этой целью нами проведена сополимеризация промышленной фракции C_{12}-C_{16}-алкилметакрилатов со стиролом.

Синтезированные сополимеры исследованы в маслах И-12А и М-6 как вязкостные и депрессорные присадки. Результаты этих исследований представлены в табл. 2.

Как видно из представленных данных этой таблицы, снижение значения молекулярной массы сополимеров ниже чем 14000 приводит к потере депрессорных свойств. Содержание звеньев стирола в составе сополимера до 30% отрицательно не влияет на депрессорные свойства. Так, например, полиалкилметакрилат «Д» молекулярной массы 16000 при 0,5%-ной концентрации снижает температуру застывания масла М-6 с минус 5 до минус 32°С. Сополимеры, имеющие приблизительно такое же значение молекулярной массы (17000), не зависимо от содержания звеньев стирола, в таком же порядке снижают температуру застывания.

Таблица 2. Влияние сополимеров C_{12}-C_{16}-алкилметакрилатов со стиролом на некоторые показатели масел И-12А и М-6

Характеристика сополимеров		Масло И-12А+0,5% сополимера			Масло М-6+0,5% сополимера	
содержа-ние стироль-ных звеньев, %	мол масса	вязкость, мм^2/с, при температуре, °С		индекс вязкости	тем-ра застывания, °С	снижение вязкости при термодеструк-ции, %
		100	-18			
		масло И-12А			масло М-6	
-	-	6,4	840	80	- 5	-
5	20000	7,9	960	150	- 32	8,1
10	19000	7,8	990	148	- 32	7,6
15	17000	7,7	1040	144	- 32	6,4
20	14000	7,4	1200	140	- 30	5,3
30	7000	7,1	1400	130	- 12	3,2
Полиалкилметакрилат «Д»						
-	16000	7,3	1000	146	- 32	16,5

Что касается термической деструкции синтезированных сополимеров C_{12}-C_{16}-алкилметакрилатов со стиролом, то как видно из данных табл. 2, введение стирольных звеньев в состав сополимера увеличивает стабильность полученных соединений – снижение вязкости загущенных сополимером и ПМА «Д» приблизительно равной молекулярной массы 16000-17000 при термической деструкции составляет 6,4 и 16,5% соответственно. Снижение вязкости загущенного ПМА «В» (промышленная вязкостная присадка с молекулярной массой 10000-12000) масла при термической деструкции составляет 13,1%. Значит, исследованный сополимер объединяет в себе свойства, как загустителя, так и депрессорной присадки.

Таким образом, сополимеризацией C_{12}-C_{16}-алкилметакрилатов со стиролом получаются бифункциональные присадки, обладающие загущающими и депрессорными свойствами. Выбор молекулярной массы и состава синтезированных сополимеров проводится исходя из конкретного требования к качеству получаемых смазочных композиций.

С целью получения вязкостных присадок с повышенной устойчивостью к деструктивным воздействиям нами проведены исследования по синтезу химически модифицированных полиалкилметакрилатов путем сополимеризации Исходных индивидуальных мономеров с модифицирующими сомономерами.

В качестве химически модифицированных полиалкилметакрилатов были синтезированы сополимеры децилметакрилата со следующими мономерами:

1) децилметакрилата со стиролом

где $n = 4$–6, $m = 12$–16

здесь стабилизирующее влияние ароматических углеводородов передается через боковую цепь, так как природа основной цепи не меняется;

2) децилметакрилата с дициклопентадиеном

$$\left[\left(CH_2 - \underset{\underset{COOC_{10}H_{21}}{|}}{\overset{\overset{CH_3}{|}}{C}} \right)_n \right]_m$$

где n = 3–5, m = 2–3

в этом случае изменяется природа основной цепи вязкостной присадки – появляется связь $C_{алиф.} – C_{карбоцикл.}$, которая прочнее связи $C_{алиф.} – C_{алиф.}$;

3) децилметакрилата с инденом

инден сочетает в себе структуры как стирола (ароматический фрагмент), так и дициклопентадиена (карбоциклический фрагмент);

4) децилметакрилата с о-аллилфенолом

как известно, большинство антиокислительных присадок является производными алкилфенолов. поэтому наличие фенольного фрагмента в молекуле сополимера придает вязкостной присадке дополнительно антиокислительные свойства.

Сополимеризация алкилметакрилатов с инденом проводилась в присутствии динитрила азобисизомасляной кислоты в интервале температур 70-80°C, растворителем служил толуол, продолжительность реакции 3-4 часа. В результате были получены сополимеры с молекулярной массой 11000-16000, содержанием звеньев индена 10-20%, с выходом 76-97%.

Для сополимера децилметакрилата с инденом предложена следующая общая формула:

где n = 1-6 ,   m = 10-26

В качестве алкилметакрилатов использовали бутил-, гексил-, октил- и децилметакрилаты, а также промышленные фракции метакрилатов $C_8 - C_{10}$ и $C_{12} - C_{16}$.

Синтезированне сополимеры использованы в составе масел для улучшения их вязкостно-температурных свойств.

Изучение влияния сополимеров алкилметакрилатов с инденом на вязкостно-температурные характеристики масла И-12А проведено на примере сополимера децилметакрилата с инденом молекулярной массы 10000, содержание звеньев индена 15% (рис. 3).

Рис. 3. Зависимость вязкости (1) и индекса вязкости (2) загущенного масла И-12А от концентрации сополимера децилметакрилата с инденом

Как видно из рис.3, с увеличением концентрации сополимера от 0,5 до 7% улучшаются вязкостно-температурные характеристики загущенного масла – увеличивается индекс вязкости от 119 до 156. Дальнейшее увеличение концентрации сополимера до 9% приводит к ухудшению этих характеристик, что объясняется, как уже сказали выше, появлением межмолекулярного взаимодействия в сополимере.

Была изучена также устойчивость синтезированных сополимеров к деструкции. Термическая деструкция определена по общепринятой методике, нагреванием 5%-ных растворов вязкостных присадок в турбинном масле "Л", при 200°C в течение 12 часов. Механическая деструкция изучена на ультразвуковом диспергаторе УЗДН-1 (температура определения 20°C, объем раствора сополимеров 20 мл, частота ультразвука 22 кГц, длительность испытания 1ч). Проведенные исследования показали, что сополимер децилметакрилата с инденом по устойчивости к термической деструкции намного превосходит промышленные вязкостные присадки – полиалкилметакрилат В-2.

Энергия активации термической деструкции указанного сополимера составляет 158-196 кДж/моль в зависимости от молекулярной массы и состава сополимеров.

Снижение вязкости загущенных сополимерами децилметакрилата с инденом турбинного масла за счет термической деструкции составляет 4-8 % в зависимости от значения молекулярной массы и состава вязкостной приса-ки. Указанный показатель для промышленных вязкостных присадок составля-ет 12-13 %.

Таким образом, сополимеризацией децилметакрилатов с инденом получены вязкостные присадки к нефтяным маслам, обладающие высокой устойчивостью к деструктивным воздействиям и по этому показателю намного превосходящие известные вязкостные присадки. Полученные результаты оправдывают метод сополимеризации как надежный и простой способ стабилизации вязкостных присадок. Следует отметить, что введение инденовых зеньев в полимерную цепь сообщает полученным вязкостным присадкам антикоррозионные свойства в составе масел. Как известно, коррозия является следствием окисления, т.е. кислые продукты окисления нефтепродуктов вызывают коррозию, значит, сополимеризация указанных виниловых мономеров с инденом увеличивает стабильность к окислению полученных соединений, так как ароматические углеводороды, в том числе и инден, характеризуются высокой устойчивостью к термическим воздействиям.

Обобщая результаты проведенных исследований, можно заключить, что знание закономерностей сополимеризации и правильный подбор мономерных пар позволяет проводить направленный синтез полимерных соединений в качестве вязкостных присадок с заданными эксплуатационными характеристиками в составе масел.

Синтез сополимеров децилметакрилата с о-аллилфенолом и исследование их в качестве вязкостных и антиокислительных присадок к смазочным маслам то же впервые проведены нами.

Сополимеризация проводилась по вышеуказанной методике. Изучено влияние температуры, продолжительности реакции, расхода инициатора, количества о-аллилфенола в исходной смеси мономеров на результаты проведенных исследований, которые обобщены в табл. 3.

Как уже выше сказано, что аллиловые мономеры в отдельности не полимеризуются, но входят в сополимеризацию с другими ненасыщенными соединениями, т.е. аллиловые мономеры ингибируют процесс полимеризации, поэтому увеличение концентрации о-аллилфенола в исходной смеси мономеров приводит к снижению, как выхода, так и молекулярной массы сополимера. Как видно из табл. 3 увеличение содержания о-аллилфенола в исходной смеси мономеров от 10 до 30% (масс.) приводит к снижению молекулярной массы от 17000 до 9000; при этом выход сополимера снижается от 93 до 72 % (масс.). Обычно, содержание о-аллилфенольных звеньев в составе сополимера определяется исходя из конкретного требования к устойчивости к деструктивным воздействиям загущенных масел. По результатам сополимеризации оптимальным его содержанием можно считать 10% на смесь мономеров, так как при этом получается сополимер с относительно высоким выходом и удовлетворительными эксплуатационными характеристиками.

Таблица 3. Сополимеризация децилметакрилата (ДМАК) с о-аллилфенолом (АФ)

Условия сополимеризации			Характеристика сополимера	
ДМАК:АФ, %	Т°,С	Расход инициатора, %	Выход, %	Молекулярная масса
90:10	60	0,7	93,0	15000
90:10	70	0,7	92,8	14000
90:10	80	0,7	92,8	12000
80:20	70	0,7	84,3	11000
70:30	70	0,7	72,0	9000
90:10	70	0,3	72,4	17000
90:10	70	0,5	89,1	16000

Реакцию сополимеризации схематично можно изобразить следующим образом.

где n = 19-23, m =7-10

27

Синтезированные сополимеры децилметакрилата с о-аллилфенолом исследованы в качестве вязкостных присадок к нефтяным маслам.

Изучено влияние количества о-аллилфенольных звеньев в составе сополимера (М=10000) на вязкостно-температурные свойства масла И-12А (табл. 4).

Таблица 4. Результаты влияния количества о-аллилфенольных звеньев в составе сополимера (М=10000) на вязкостно-температурные свойства масла И-12А

Количество о-аллилфенольных звеньев, %	Кинематическая вязкость, мм^2/с, при		Индекс вязкости
	100°C	минус 18°C	
0	8,20	1200	140
5	7,90	1250	138
10	8,00	1300	136
15	8,10	1400	136
20	8,20	1450	134
25	8,06	1450	134

Как видно из данных табл. 4, увеличение количества о-аллилфенольных фрагментов в составе сополимера оказывает отрицательное влияние на вязкостно-температурные характеристики указанного масла, но в пределах допустимой нормы. При этом индекс вязкости изменяется в интервале 134-138.

Основными факторами определяющими функциональные показатели загущенных масел, является значение молекулярной массы сополимера и его концентрация в масле.

В табл. 5 приведены результаты исследований по изучению влияния указанных факторов на вязкостно-температурные свойства масла И-12А.

Таблица 5. Результаты влияния молекулярной массы и концентрации сополимера на вязкостно-температурные свойства масла И-12А

Характеристика сополимера		Кинематическая вязкость при 100°C, мм^2/с	Индекс вязкости
молекулярная масса	концентрация, %		
17000	1	4,1	130
17000	3	6,3	138
17000	5	7,7	136
14000	5	6,9	132
14000	7	7,8	136
11000	3	5,6	130
11000	5	6,1	134

Как видно из данных табл. 5, увеличению индекса вязкости можно добиться использованием сополимеров различной молекулярной массы. Следует отметить, что снижение молекулярной массы сополимера приводит к увеличению его расхода. Так, для получения загущенного базового масла с вязкостью при 100°C порядка 6-7мм^2/с расход сополимера с молекулярной массой 17000 составляет 3%, в то время как при использовании сополимеров с молекулярной массой 14000 и 11000 требуется 5%-ная концентрация.

Синтезированные сополимеры использованы также в качестве модификатора индекса вязкости. С этой целью использовали базовое масла М-6. В табл. 6 приведены данные по изучению влияния сополимера молекулярной массы 10000 на значения индекса вязкости масла М-6.

Как видно из данных табл. 6 добавлением к маслу М-6 1 -5% сополимера можно повысить его индекс вязкости от 88 до 130 на основе масла М-6 и использованием 3% сополимера можно разрабатывать смазочные масла типа М-8В, индекс вязкости которых должен быть не менее 93. Как отметили, наличие аллилфенольных звеньев в составе сополимера дает ему антиокислительные свойства. Исходя из изложенного, проводили исследование по изучению антиокислительных свойств по поглощению кислорода.

Таблица 6. Влияния сополимера молекулярной массы 10000 на значения индекса вязкости масла М-6

Концентрация сополимера, %	Кинематическая вязкость при 100^0С, мм^2/с	Индекс вязкости
0	6,63	88
1	7,01	98
3	8,4	115
5	9,8	130
7	11,3	130
9	12,7	128

Исследованием сополимера в составе нефтяного масла выявлено его антиокислительные свойства – при этом установлено, что взаимодействием молекулы сополимера с радикалами кумилпероксида прерывается цепь окисления.

Таким образом, обобщая результаты проведенных исследований, можно заключить, что синтезированные сополимеры децилметакрилата с о-аллилфенолом в составе масел наряду с их вязкостно-температурными характеристиками улучшают и антиокислительные свойства загущенных масел, что оправдывает проведение сополимеризации как способа химической модификации структуры полимерных соединений с целью синтеза вязкостных присадок с заданными эксплуатационными характеристиками.

Результаты проведенных исследований по определению термической стабильности масел, загущенных, указанными сополимерами децилметакрилата показывают, что определяемый показатель зависит как от значения молекулярной массы, так и от состава сополимеров. Так, например, с увеличением значения молекулярной массы сополимеров децилметакрилата с инденом от 10000 до 16000 снижение вязкости загущенных этими сополимерами масел за 12 часов термической обработки увеличивается от 8,4% до 13,8%. Значит увеличение молекулярной массы сополимера приводит к затруднению перемещения макромолекулы в растворе, в результате чего растет вероятность разрыва С – С связи основной цепи макромолекулы.

Увеличение количества сомономерных звеньев децилметакрилата в пределе 10-30% приводит к повышению стабильности загущенных масел, так как, сополимеризация приводит к изменению природы основной полимерной цепи и появлению новых типов химической связи, которые более прочны. Т.е., сополимеризация является методом химической модификации структуры полимерных соединений, что приводит к увеличению стабильности к термической деструкции вязкостных присадок.

Сополимеры с о-аллилфенолом характеризуются более высокой устойчивостью к термической деструкции, чем остальные образцы (табл. 7). Это объясняется тем, что при термическом воздействии на полимерные соединения наряду с чисто термической деструкцией происходит и термоокислительная деструкция, а фенольные соединения являются антиоксидантами и, подавляя окисление полимеров, предотвращают их термоокисление и при этом происходит лишь чисто термическая деструкция.

Исследованные сополимеры по термической устойчивости мало отличаются друг от друга, но превосходят гомополимер децилметакрилата. Так, если сравнивать сополимеры с указанными полимерами близкой молекулярной массы, то преимущество станет очевидным – снижение вязкости загущенных указанными соединениями масел за счет термической обработки составляет 13,1 и 2,6 – 11,3% соответственно, в зависимости от состава сополимеров.

Таблица 7. Термическая деструкция загущенных синтезированными сополимерами масел

Характеристика сополимера		Исходная вязкость, мм²/с, при 100°C	Снижение вязкости, %, опыта при продолжительности, час			
мол. масса	содержание сомо-номера децил-метакрилата, %		1	4	8	12
Сополимеры децилметакрилата со стиролом						
14000	10	9,8	1,5	4,1	5,9	8,7
14000	20	9,7	1,2	3,0	4,2	5,3
14000	30	9,7	0,9	2,7	2,9	2,9
Сополимеры децилметакрилата с дициклопентадиеном						
13000	10	8,7	2,1	3,8	8,1	11,3
13000	20	9,1	1,3	2,8	3,6	4,5
13000	30	8,9	1,0	2,5	3,1	4,0
Сополимеры децилметакрилата с инденом						
16000	10	10,6	3,8	4,7	8,5	13,8
13000	10	8,9	2,3	3,9	7,8	9,6
10000	10	7,5	1,9	5,8	6,7	8,4
10000	20	7,7	1,0	2,5	3,0	3,8
10000	30	7,8	0,6	1,4	1,4	1,4
Сополимеры децилметакрилата с о-аллилфенолом						
14000	10	9,89	0,9	2,1	3,4	4,8
14000	20	9,87	0,6	1,9	2,2	2,9
14000	30	9,83	0,8	1,4	2,0	2,6
Полидецилметакрилат						
13000	–	8,80	5,9	6,8	9,2	13,1

На следующем этапе наших исследований проведена сополимеризация бутилметакрилата с о-аллилфенолом с целью синтеза вязкостной присадки к сложноэфирным маслам. Были синтезированы сополимеры с молекулярной массой $(12-17) \cdot 10^3$ с содержанием фрагментов аллиловых мономеров 5-10%.

Состав и структуру полученных сополимеров изучали методами элементного анализа, ИК- и ПМР-спектроскопии. Установлено, что аллиловые мономеры в условиях сополимеризации не образуют гомополимера, т.е. имеется связь между мономерными звеньями и в результате образуется истинный сополимер, а не смесь гомополимеров; этот вывод хорошо согласуется с известным фактом, что аллиловые мономеры в отдельности не полимеризуются и используются для синтеза сополимеров с регулярно чередующимися мономерными звеньями.

Сополимеры бутилметакрилаты с о-аллилфенолом исследовали в качестве вязкостной присадки к синтетическому сложноэфирному маслу – пентаэритриту. Во-первых, указанные сополимеры в нефтяных маслах не растворяются. Во-вторых, сложноэфирные масла работают в более жестких условиях, чем нефтяные. С учетом изложенного в качестве метакрилата выбрали короткоцепочечный мономер – бутилметакрилат и сополимеризовали его с ароматическим соединением (о-аллилфенол), которое придает молекуле сополимера высокую устойчивость к термоокислению.

2.2. Другие типы полиалкилметакрилатов

Нами также проведены исследования в направлении разработки химически модифицированных полиалкилметакрилатов, обладающих действием многофункциональной присадки в составе нефтяных масел. С этой целью проведена сополимеризация децилметакрилата с аллиловым спиртом. Использование мономера с функциональной группой –ОН преследует цель создавать в макромолекуле полиалкилметакрилата реакционного центра, который позволяет проведение химических превращений.

В результате проведенных исследований были синтезированы сополимеры с молекулярной массой $(8-14) \cdot 10^3$ и фрагментов аллиловых мономеров 5-10%.

Состав и структуру полученных сополимеров изучали методами элементного анализа, ИК- и ПМР-спектроскопии. Как уже выше отметили, аллиловые мономеры в отдельности не полимеризуются и используются для синтеза сополимеров с регулярно чередующимися мономерными звеньями.

Сополимеры децилметакрилата с аллиловым спиртом исследовали в качестве вязкостных присадок к нефтяным маслам. На примере масла И-12А изучено влияние концентрации указанного сополимера на вязкостно-температурные свойства (табл. 8).

Таблица 8. Влияние концентрации сополимера децилметакрилата с аллиловым спиртом на вязкостно-температурные свойства масла И-12А

Концентрация сополимера, масс %	Кинематическая вязкость масла при 100°C, мм²/с	Индекс вязкости
0	3,90	90
1	4,10	125
3	6,70	150
3,5	7,30	150
4	8,20	152
5	10,60	152

Как видно из данных таблицы, с увеличением концентрации вязкостной присадки наблюдается общая закономерность для загущенных масел: до определенной концентрации увеличивается индекс вязкости, затем стабилизируется. Растворением в масле И-12А 4 масс % сополимера можно получить загущенное масло, отвечающее современным требованиям: вязкость при 100°C составляет 8±0,5 мм^2/с, значение индекса вязкости – не менее 125 единиц.

Проведенные исследования показали, что по улучшению вязкостно-температурных свойств нефтяных масел сополимеры децилметакрилата с аллиловым спиртом находятся на одинаковом уровне с полидецилметакрилатом, т.е. введение звеньев аллилового спирта в полимерную цепь не приводит к ухудшению вязкостно-температурных свойств загущенных ими масел.

Выявлено, что увеличение молекулярной массы сополимеров приводит к росту значения индекса вязкости и кинематической вязкости при 100°C. Однако значение молекулярной массы вязкостной присадки и ее концентрация определяется исходя из конкретных требований к смазочному маслу.

В качестве присадок полифункционального действия используются фосфор- и серосодержащие соединения, которые получаются реакцией органических соединений с подвижным атомом водорода с сульфидом фосфора. Исходя из изложенного, проводилась реакция фосфоросернения сополимера децилметакрилата с сульфидом фосфора.

Если часть молекулы, соединенная с CH$_2$OH группой условно обозначить как R$_n$ – то получим: R$_n$ – CH$_2$OH.

Реакция указанного соединения с P$_2$S$_5$:

Обычно, фосфоросернение α-олефиновых олигомеров проводится при высокой температуре – 220-235°С. При этом происходит окисление и деструкция олигомерной молекулы.

В случае фосфоросернения сополимера с фрагментами аллилового спирта процесс должен идти при относительно низкой температуре, так как молекула содержит реакционноспособную спиртовую группу. Изучено влияние температуры на указанный процесс. С этой целью через определенные промежутки времени отбирается проба фосфоросерненного продукта и определяется его кислотное число. Результаты проведенных исследований представлены на рис.4.

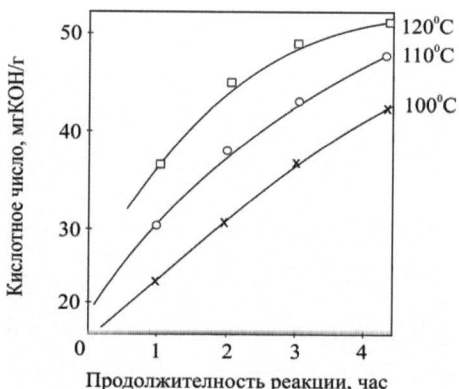

Рис.4. Зависимость кислотного числа фосфоросерненного сополимера от температуры во времени (цифры на конце кривых)

Фосфоросернение проводится при расходе P_2S_5 – 15%. Показано, что с увеличением температуры процесса фосфоросернения от 100 до 120°С значение кислотного числа продукта реакции увеличивается с 43 до 51 мг КОН/г. Дальнейшее увеличение температуры, хотя приводит к незначительному повышению значения кислотного числа, однако при этом продукт темнеет. Поэтому, считаем целесообразным, проводить фосфоросернение при температуре 110-120°С.

На рис. 5 приводится зависимость значения кислотного числа фосфоросерненного сополимера от расхода P_2S_5. Процесс проводится при 110°C, мол. масса сополимера 8000.

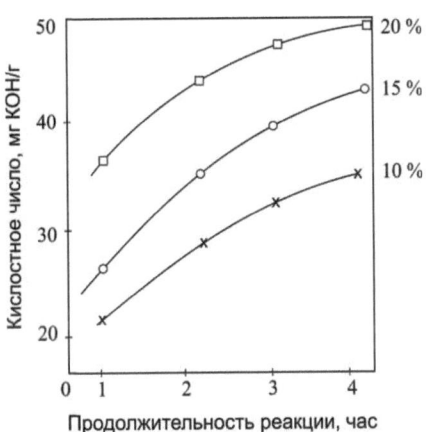

Рис. 5. Зависимость кислотного числа фосфоросерненного сополимера от расхода P_2S_5 (цифры на конце кривых)

Как видно из данных рис. 5, увеличение расхода P_2S_5 в реакции фосфоросернения с 10 до 15% приводит к увеличению значения кислотного числа полученного продукта с 34 до 42 мг КОН/г. Дальнейшее увеличение (20%) расхода P_2S_5 – также приводит к росту значения кислотного числа. Однако при этом растворимость полученного продукта в нефтяных маслах ухудшаются.

Изучение состава и значения молекулярной массы сополимера на процесс показало, что значение молекулярной массы мало влияет на процесс, а содержание звеньев аллилового спирта в сополимере должно быть не менее 10%.

Таким образом, обобщая результаты фосфоросернения сополимера децилметакрилата с аллиловым спиртом можно заключить, что проведение указанного процесса целесообразно в следующих условиях:

температура реакции	- 100 – 110°C
расход P_2S_5	- 10 – 15%
мол. масса сополимера	- ~8000
содержание звеньев аллилового спирта	- не менее 10%
продолжительность фосфоросернения	- 3 часа

Известно, что диалкилдитиофосфорные кислоты характеризуются гидролитически неустойчивостью. С целью стабилизации указанного продукта проводится гидролиз кипячением его водой с переводом диалкилдитиофосфорной кислоты в диалкилтиофосфорную:

$$\left(R_n\ CH_2O \right)_2 P \overset{S}{\underset{SH}{<}} + H_2O \xrightarrow[-H_2S]{} \left(R_n\ CH_2O \right)_2 P \overset{S}{\underset{OH}{<}}$$

Следующей стадией синтеза присадки является нейтрализация диалкилтиофосфорной кислоты оксидами или гидроксидами двухвалентных металлов. Учитывая дешевизну и обеспеченность сырьевыми ресурсами в качестве нейтрализующего агента использовали гидроксид кальция $Ca(OH)_2$.

Реакция проводится по хорошо известной методике и схематично процесс можно изобразить следующим образом:

$$2\left(R_n\ CH_2O \right)_2 P \overset{S}{\underset{OH}{<}} + Ca(OH)_2 \longrightarrow \left[\left(R_n\ CH_2O \right)_2 P \overset{S}{\underset{O-}{<}} \right]_2 Ca + 2H_2O$$

Исследования полученного производного тиофосфорной кислоты в составе нефтяных масел показало, что указанное соединение улучшает вязкостно-температурные, детергентно-диспергирующие, антиокислительные и антикоррозионные характеристики масел, т.е. обладает действием многофункциональной присадки.

С целью улучшения качества промышленной присадки марки ПМА «В-1» проведена химическая модификация ее структуры. Химическая модификация осуществлена обработкой полиалкилметакрилата сульфидом фосфора P_2S_5. Изучено влияние температуры, расхода P_2S_5 и продолжительности реакции на результаты процесса. Для стабилизации полученного продукта проведен гидролиз, при этом диполиалкилдитиофосфиновая кислота превращается в диполиалкилтиофосфиновую кислоту. Последней стадией процесса является нейтрализация тиофосфиновой кислоты оксидом кальция. Для облегчения перемешивания фосфоросерненный продукт смешивается с нефтяным маслом в соотношении 1:1. Реакция проводится по известной методике. Полученная присадка соответствует по основным показателям техническому требованию: кинематическая вязкость при 100°C – 70-120 мм^2/с (норма – 70-120 мм^2/с), щелочное число – 40-45 мгКОН/г (по техническому условию этот показатель не должен быть менее 40 мгКОН/г).

Определенный интерес, как в научном, так и в практическом аспекте, представляет получение полимерных соединений, содержащих в одной молекуле как α-олефиновые, так и метакрилатные звенья, т.е. химически модифицированных полимеров.

Следует отметить, что производимые в Азербайджане базовые моторные масла имеют индекс вязкости порядка 68-82 и не отвечают современным требованиям и нуждаются в улучшении этого показателя.

С другой стороны, значение кинематической вязкости смазочных масел при 100°C определяет их класс вязкости, т.е. вязкостно-температурные свойства являются одной из важных эксплуатационных характеристик смазочных масел. Используемые в мировом масштабе вязкостные присадки не отвечают современным требованиям и ведутся исследования в направлении получения новых образцов вязкостных присадок. Такие исследования ведутся и в Институте химии присадок НАН Азербайджана.

Суть указанных исследований заключается в получении полимерных соединений, содержащих в своем составе как метакрилатные, так и α-олефиновые звенья. Это объясняется тем, что α-олефины не дорогие и легко подвергаются химической модификации.

Исходя из изложенного, нами проведена радикальная сополимеризация высших алкилметакрилатов с α-олефинами. Как известно, α-олефины по радикальному механизму не полимеризуются, но вступают в сополимеризацию. При этом общая скорость полимеризации снижается, образующиеся высокомолекулярные соединения характеризуются регулярной структурой, а также однородным составом, что положительно сказывается на физико-механических и эксплуатационных характеристиках получаемых соединений. При этом также часть дорогостоящих алкил(мет)акрилатов заменяется на более дешевые α-олефины.

В качестве (мет)акрилатов использовали бутил- и децилметакрилаты, а в качестве α-олефина – гексен-1 и индивидуальные α-олефины с четным числом углеродных атомов от C_8 до C_{12}, которые являются олигомерами этилена.

Следует отметить, что интерес к любой химической продукции определяется их сырьевой базой. Используемый исходный мономер – гексен-1 является тримером этилена и среди α-олефинов является единственным, который обладает свободными сырьевыми ресурсами.

Сополимеризацию проводили по аналогичной методике получения алкилакрилатов со стиролом. В результате проведенных исследований были получены сополимеры с молекулярной массой 7000-13000 и выходом 53-92%.

В случае сополимеризации бутилметакрилата с гексеном-1 (табл.9) установлено, что расход инициатора на сополимеризацию выше (0,9-1%), чем на гополимеризацию (0,5-0,6%) бутилметакрилата, что объясняется ингибирующим влиянием гексена-1; повышение температуры до 80°C ускоряет реакцию, но мало влияет на молекулярную массу сополимера. С увеличением содержания гексена-1 в исходной смеси мономеров до 40 масс % молекулярная масса, и выход сополимеров снижаются от 13000 до 17000 и от 92% до 53% соответственно. Продолжительность реакции, равная 3 ч. удовлетворяет получению сополимера с высоким выходом.

Таблица 9. Результаты сополимеризации бутилметакрилата (БМАК) с гексеном-1

Условия сополимеризации				Характеристика сополимера	
Т, °С	Продолжи-тельность, ч	Соотношение БМАК:гексен-1	Расход инициато-ра, %	Выход, %	Мол. масса
70	3	100:0	0,6	96,1	14000
70	3	90:10	0,8	93,8	13000
70	3	80:20	1,0	89,3	12000
70	3	70:30	1,0	65,9	10000
70	3	60:40	1,0	53,4	7600
70	4	90:10	0,8	94,,1	13000
70	2	90:10	0,8	82,3	15000
65	3	90:10	0,8	94,0	14500
80	3	90:10	0,8	94,5	12700

Проведены исследования (сополимеризация децилметакрилата с α-олефинами $C_8 - C_{12}$) по влиянию длины алкильного радикала в α-олефинах на результаты сополимеризации (температура сополимеризации 70°С, содержание α-олефинов в исходной смеси 10%, расход инициатора 0,8%, продолжительность реакции 3 ч.); выявлено, что с удлинением алкильного радикала α-олефина от C_4 до C_{12} молекулярная масса сополимера уменьшается с 17000 до 12000, его выход – с 85 до 67%. Таким образом, с удлинением алкильного радикала способность α-олефины к сополимеризации снижается.

41

Молекулярную массу M сополимера определяли по уравнению Штаудингера

$$\eta_{у\partial} = kMC$$

где $\eta_{у\partial}$ – удельная вязкость; k – константа, значение которой определено нами и составляет: для сополимеров бутилметакрилата $1,5 \cdot 10^{-4}$; C – концентрация сополимера в растворе.

Методами ПМР- и ИК- спектроскопии, а также элементного анализа установлено образование при синтезе истинных сополимеров с чередующимися мономерными звеньями. По результатам количественных исследований предложена следующая общая формула для синтезированных сополимеров:

где $n = 2 - 11$, $m = 7\text{-}25$, $R = C_4, C_{12}$, $R' = C_4 - C_{12}$.

Синтезированные сополимеры были исследованы в качестве вязкостных присадок: сополимеры бутилметакрилата – к сложноэфирным маслам, так как они в нефтяных маслах не растворяются, а сополимеры с высшими метакрилатами – к нефтяным.

В качестве сложноэфирного масла исследовали дигептилфталат (ДГФ), которого загущали сополимерами бутилметакрилата до уровня вязкости 7-8 мм²/с при 100°С. Результаты исследований приведены в табл. 10. (ДГФ имеет вязкость при 100°С 3,20 мм²/с и индекс вязкости 10).

Как видно, изменение содержания звеньев гексена-1 в сополимере не влияет на вязкостно-температурные свойства масла ДГФ, поскольку эти свойства определяются длиной алкильного радикала. Используемые для синтеза вязкостных присадок мономерные пары имеют одинаковый радикал C_4.

42

Синтезированные сополимеры позволяют получать загущенные базовые масла, отвечающие современным требованиям – индекс вязкости не менее 125 единиц.

Таблица 10. Вязкостно-температурные свойства масла ДГФ с сополимерами бутилметакрилата

Характеристика сополимера		Характеристика загущенного масла		
содержание звеньев гексена, %	мол. масса	вязкость, мм^2/с		индекс вязкости
		при 100°С	при 40°С	
0	10000	7,26	34,90	150
10	12000	7,86	38,43	149
20	13000	8,40	40,30	153
30	10000	7,29	35,31	150
40	7600	6,87	33,80	148

Одним из основных показателей вязкостных присадок является устойчивость к термической деструкции, которую определяют по общепринятой методике нагреванием 5%-ных растворов сополимеров при 200°С в течение 12 ч. Снижение вязкости растворов сополимеров бутилметакрилата с гексеном-1 после деструкции составило 7-8% в зависимости от значения молекулярной массы.

Полученные акрилаты использовали в реакции сополимеризации в свежеперегнанном виде, при концентрации основного вещества не ниже 98%. Гексен-1 реактивный, также использовали в свежеперегнанном виде. В качестве инициатора использовали динитрила(азо)бис-изомасляной кислоты (ДИНИЗ).

Синтезированные сополимеры являются труднотекучими жидкостями, слегка окрашенными в желтый цвет, хорошо растворяются в углеводородных растворителях и в нефтяных и синтетических маслах.

Изучение влияния соотношения мономеров, температуры и продолжительности реакции на результаты процесса показало, что повышение температуры в интервале 70-90°С приводит к снижению молекулярной массы от 17500 до 12000 (рис. 6); при этом выход сополимера изменяется незначительно – 93,1-95,8%. Известно, что увеличение температуры процесса, в том числе и реакции сополимеризации приводит к их ускорению. При этом наряду с реакцией роста увеличивается и скорость прекращения роста полимерной цепи, и в конечном итоге, снижается значение молекулярной массы.

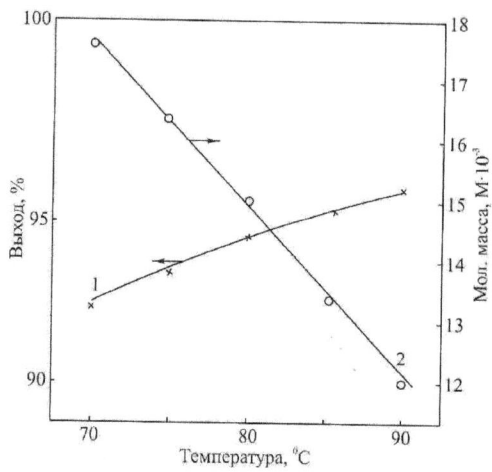

Рис. 6. Зависимость выхода (1) и молекулярной массы (2) сополимера от температуры

Увеличение продолжительности сополимеризации до 3 ч. приводит к повышению выхода и молекулярной массы сополимеров (рис. 7), что характерно для радикальной полимеризации. Дальнейшее увеличение продолжительности (до 4 ч.) практически не влияет на результаты процесса.

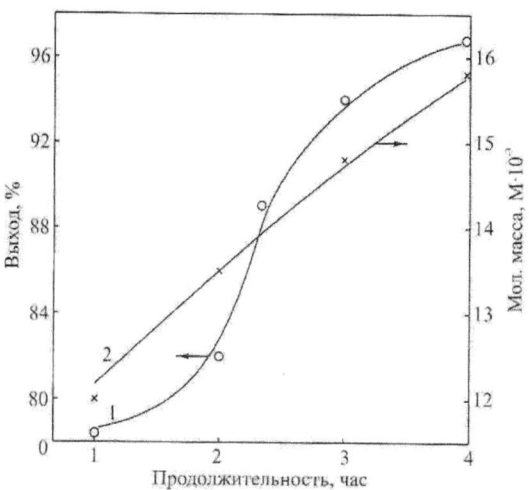

Рис. 7. Зависимость выхода (1) и молекулярной массы (2) сополимера от продолжительности процесса

Изучение влияния содержания гексеновых звеньев в исходной смеси мономеров показало, что с его увеличением молекулярная масса и выход сополимеров снижаются от 15000 до 8000 и от 93 до 52% соответственно (рис.8). Значит, гексен-1 оказывает ингибирующее влияние на процесс. Это подтверждается и расходом инициатора, так как при полимеризации алкилакрилата расход его составляет 0,5-0,6%, а в случае сополимеризации 0,9-1,2%. Таким образом, с изменением количества гексена-1 в смеси мономеров, можно регулировать молекулярную массу получаемых сополимеров.

Методами ПМР- и ИК-спектроскопии, а также элементного анализа изучены состав и структура полученных сополимеров и установлено образование истинных сополимеров с чередующимися мономерными звеньями, т.е. сополимеры с регулярной структурой, которые характеризуются более высокой устойчивостью к деструктивным воздействиям.

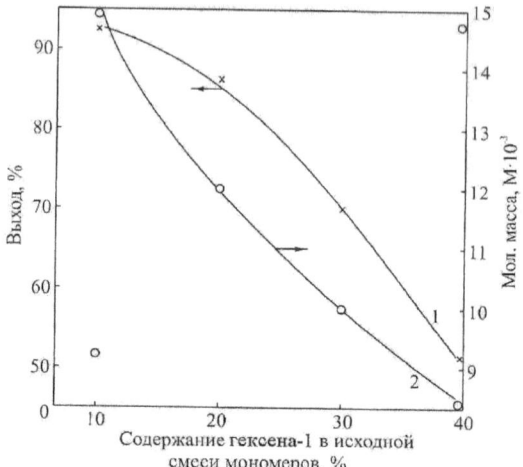

Рис. 8. Зависимость выхода (1) и молекулярной массы (2) сополимеров от содержания гексеновых звеньев

Таким образом, обобщая результаты проведенных исследований, можно заключить, что изучена зависимость результатов процесса сополимеризации от условий проведения реакции и найдены условия, обеспечивающие получение сополимеров с заданными характеристиками.

Для синтеза вязкостных присадок к нефтяным маслам провели сополимеризацию децилметакрилата с 4-метилпентеном-1.

Децилметакрилат был получен в лабораторных условиях, взаимодействием метакриловой кислоты и децилового спирта.

4-Метилпентен-1 своеобразный димер пропилена:

$$CH_2 = CH + CH_2 = CH \longrightarrow CH_2 = CH - CH_2 - CH - CH_3$$
$$\quad\quad |\quad\quad\quad\quad\quad |\quad\quad\quad\quad\quad\quad\quad\quad\quad\quad\quad |$$
$$\quad CH_3\quad\quad\quad\quad CH_3\quad\quad\quad\quad\quad\quad\quad\quad\quad\quad CH_3$$

Оба мономера использованы в сополимеризации в свежеперегнанным состоянии. Указанный сополимер впервые синтезирован нами.

Сополимеризация указанных пар мономеров проводилась методом радикальной полимеризации в присутствии инициатора – бензоила пероксида. Было изучено влияние различных факторов на результаты процесса (табл. 11).

Таблица 11. Сополимеризация децилметакрилата (ДМАК) с 4-метилпентеном-1 (4-МП-1)

Условия сополимеризации			Характеристика сополимера	
ДМАК : 4-МП-1, %	Т, $^{\circ}$C	Расход инициатора, %	Выход, %	Молекулярная масса
90 : 10	60	0,7	92,5	12000
90 : 10	70	0,7	92,8	11000
90 : 10	80	0,7	92,8	10000
80 : 20	70	0,7	84,3	9000
70 : 30	70	0,7	76,9	7000
90 :10	70	0,3	65,4	13000
90 : 10	70	0,5	72,4	12000

Как видно из данных табл. 11, увеличение температуры в пределе 60-80^{0}C приводит к снижению значения молекулярной массы от 12000 до 10000. это объясняется тем, что увеличение температуры ускоряет все реакции, в том числе и реакции, приводящие к прекращению роста полимерной цепи. При этом выход изменяется незначительно.

Увеличение содержания 4-метилпентена-1 в исходной смеси мономеров приводит к снижению, как выхода, так и молекулярной массы сополимеров. Как известно, α-олефины по радикальному механизму не полимеризуются, поэтому их вовлечение в сополимеризацию по радикальному механизму тормозящее влияет на процесс.

Снижение расхода инициатора менее чем 0,7% на смесь мономеров не целесообразно, так как при этом происходит снижение выхода сополимера.

Состав и структура синтезированных сополимеров изучены методами элементного анализа и спектроскопии. Установлено образование смеси гомополимера децилметакрилата с сополимером его с 4-метилпентеном-1. На основании указанных исследований предложена следующая общая формула для сополимера:

$$\left[\left(CH_2 - \underset{\underset{COOC_{10}H_{21}}{|}}{\overset{\overset{CH_3}{|}}{C}} \right)_n CH_2 \underset{\underset{CH_2CH(CH_3)_2}{|}}{CH} \right]_m$$

где   n = 3-40 ,   m = 5-70

Синтезированные сополимеры были изучены в качестве вязкостных присадок к нефтяным маслам. Сперва изучено их влияние на вязкостно-температурные характеристики маловязкого масла И-12А.

Результаты проведенных исследований приводятся в табл. 12.

Масло И-12А было загущено до уровня вязкости 8±0,5 мм^2/с. Для сравнения использовали полидецилметакрилат и промышленная вязкостная присадка вископлекс марки V-2-670.

Как видно из представленных данных табл. 12, увеличение содержания α-олефиновых звеньев в составе сополимера незначительно влияет на вязкостно-температурные свойства загущенных масел – происходит незначительное ухудшение вязкостно-температурных свойств: индекс вязкости снижается со 140 до 134, кинематическая вязкость при минус 18°C увеличивается с 1300 до 1400 мм^2/с, что связано относительно коротким заместителем в молекуле 4-метилпентена-1 в сравнении с децилметакрилатом. Однако, полученные значения находятся в пределах допустимой нормы по ГОСТ 17479.1-85 – загущенные масла с вязкостью при 100°C должны иметь индекс вязкости не менее 125 и кинематическую вязкость при минус 18°C не более 2600 мм^2/с.

Таблица 12. Влияние состава сополимера децилметакрилата с 4-метил-пентеном-1 (4-МП-1) на вязкостно-температурные свойства масла И-12А

Количество звеньев 4-МП-1 в сополимере, %	Характеристика загущенного масла		
	Кинематическая вязкость при 100°C, мм^2/с	Индекс вязкости	Кинематическая вязкость, мм^2/с, при минус 18°C
0 (полидецилметакрилат)	8,2	140	1300
5	7,9	136	1320
10	8,00	134	1350
15	8,10	134	1350
20	8,20	134	1400
25	8,06	134	1400
V-2-670	7,30	126	1400

Следующим шагом в исследовании влияния синтезированных сополимеров на вязкостно-температурные свойства загущенных ими масла И-12А явился изучение влияния значения молекулярной массы на указанный показатель. Результаты проведенных исследований приводятся в табл. 13.

Как видно из данных табл. 13, масло И-12А загущено сополимерами различной молекулярной массы до одного и того же уровня вязкости ~8 мм^2/с. Независимо

49

от значения молекулярной массы сополимера, используемого для загущения масла И-12А, вязкостно-температурные свойства полученных базовых масел находятся в пределах нормы на них.

Таблица 13. Влияние значения молекулярной массы сополимера на вязкостно-температурные характеристики масла И-12А

Характеристика			
сополимера		загущенного масла	
молекулярная масса	концентрация, %	вязкость мм^2/с при температуре, $^\circ$С	индекс вязкости
		100 | минус 18	
7000	10,0	8,0 | 1700	130
9000	8,6	7,9 | 1650	134
11000	7,8	8,1 | 1500	136
13000	6,0	7,9 | 1400	138
15000	5,1	8,0 | 1300	140

Однако следует отметить, что со снижением молекулярной массы сополимера увеличивается его расход для загущения с целью получения необходимого значения кинематической вязкости при 100°С.

Поэтому состав и молекулярную массу сополимера, используемого в качестве вязкостных присадок, определяют исходя из конкретного требования к качеству разрабатываемого загущенного масла.

Другим важным показателем вязкостных присадок является их устойчивость к термическим воздействиям. Существуют различные методы определения термической устойчивости полимерных соединений. Применительно к вязкостным присадкам более эффективным является общепринятая методика, суть которой заключается в нагревании 5%-ных растворов исследуемых образцов в турбинном масле «Л» при 200°C в течение 12 часов. По ходу испытания через определенные промежутки времени, определяется снижение вязкости (с.в.) по следующей формуле:

$$r.v. = [(v_u - v_к)/v_u] \cdot 100\% v_u$$

где v_u - исходная кинематическая вязкость, $мм^2/с$, загущенного масла при 100^oC

$v_к$ - та же после испытания

Результаты изучения термической стабильности сополимеров децилметакрилата с 4-метилпентеном-1 приводятся в табл. 14.

Таблица 14. Результаты термической деструкции сополимеров децилметакрилата с 4-метилпентеном-1 (4-МП-1) в масле

Характеристика сополимера		Снижение вязкости %, за счет деструкции при продолжительности испытания, час			
молекул-ярная масса	содержание звеньев 4-МП-1 в сополимере, %	1	4	8	12
10000	10	0,4	0,8	1,3	2,1
12000	10	0,6	1,9	2,3	3,0
14000	10	1,8	2,0	3,4	4,8
14000	20	0,4	1,5	2,2	2,9
14000	30	0,4	1,4	2,0	2,6

Как видно из данных табл. 14, увеличение значения молекулярной массы сополимеров в пределе 10000-14000 приводит к снижению их термической стабильности – снижение вязкости загущенного масла за счет деструкции

51

увеличивается с 2,1% до 4,8 %. Значит, размеры макромолекул влияют на их поведение при термическом воздействии – относительно высокомолекулярные образцы трудно передвигаются без разрыва химической связи основной цепи.

Увеличение содержания звеньев 4-метилпентена-1 в сополимере приводит к увеличению стабильности загущенного масла – снижение вязкости падает с 4,8% до 2,6 %. Значит, α-олефиновые звенья в составе полиалкилметакрилатной цепи оказывает стабилизирующее влияния на сополимер. Это связано, во первых, возникновением новых связей во время сополимеризации (химическая модификация), т.е. сополимеризация является методом направленного изменения физико-механических свойств полимерных соединений. Во вторых, поли α-олефиновые полимеры характеризуются более высокой устойчивостью к деструктивным воздействиям чем полиалкилметакрилаты. Поэтому введение α-олефиновых звеньев в полимерную цепь приводит к повышению термической устойчивости исследуемых образцов.

Изменением значение молекулярной массы синтезированных сополимеров и их состава может быть регулирована их термическая стабильность с целью получения желаемых результатов.

Таким образом, обобщая результаты проведенных исследований можно заключить, что сополимеризацией децилметакрилата с 4-метилпентеном-1 получены полимерные соединения, которые при исследовании в качестве вязкостных присадок отвечали современным требованиям. В данном направлении в Институте Химии Присадок Национальной АН Азербайджана проводятся широкие исследования. Представленный материал является частным случаем проведенных исследований. Синтезированные сополимеры являются труднотекучими жидкостями, слегка окрашенными в желтый цвет, хорошо растворяются в углеводородных растворителях, в нефтяных и синтетических маслах.

Одним из простых способов химической модификации считается привитая сополимеризация. Исходя из изложенного, была проведена прививка звеньев высших метакрилатов (децилметакрилат) к олигомерам гексена-1 путем радикальной сополимеризации.

Исследование полученных соединений в качестве вязкостных присадок к нефтяным маслам показало, что они обладают более высокой устойчивостью к термическим и механическим воздействиям, чем известные присадки.

Прививка проводится по экологически безопасной технологии – путем радикальной сополимеризации. С другой стороны вязкостные присадки полиалкилметакрилатного типа придают маслам более высокие вязкостно-температурные характеристики (особенно при низких температурах), чем углеводородные полимеры. Перечисленные моменты являются преимуществом разработанного процесса. Синтез указанных сополимеров и использование их в качестве вязкостных присадок впервые проведены нами.

Необходимо также показать, что α-олефины полимеризуются по ионному, а метакрилаты – по радикальному механизму. Поэтому путем обычной сополимеризации получить сополимеры α-олефинов с алкилметакрилатами с высоким выходом и необходимыми значениями молекулярной массы невозможен. Поэтому сочетание в одной молекуле α-олефиновых и метакрилатных звеньев проводилось обходным путем – сначало проводится олигомеризация гексена-1 в присутсвии катализатора $AlCl_3$, затем полученный олигомер подвергается привитой сополимеризации с децилметакрилатом с участием инициатора радикальной полимеризации.

Механизм реакции представляется следующим образом: радикал инициатора отрывает атом водорода от метинной группы олигомера гексена-1:

$$\left[-CH_2-\overset{\displaystyle CH}{\underset{\displaystyle C_4H_9}{|}}-\right]_n + R\cdot \longrightarrow \left[-CH_2-\overset{\displaystyle \overset{\bullet}{C}}{\underset{\displaystyle C_4H_9}{|}}-\right]_n + RH$$

Далее идет привитая сополимеризация децилметакрилата к полученному макрорадикалу:

$$\left[-\overset{\displaystyle \overset{|}{CH_2}}{\underset{\displaystyle C_4H_9}{\underset{|}{C\cdot}}}-\right]_n + m\,CH_2=\overset{\displaystyle CH_3}{\underset{\displaystyle COOC_{10}H_{21}}{\overset{|}{C}}} \xrightarrow{\text{In}}$$

$$\longrightarrow \left[-\overset{\displaystyle \overset{|}{CH_2}}{\underset{\displaystyle C_4H_9}{\underset{|}{C}}}-\right]_n \left[-CH_2-\overset{\displaystyle \overset{|}{CH_3}}{\underset{\displaystyle COOC_{10}H_{21}}{\underset{|}{C}}}-\right]_m$$

$$M= (9\text{-}13)\cdot 10^3, \qquad m= 30\text{-}35, \qquad n=24\text{-}60$$

На основании исследований состава и структуры полученных сополимеров методами ИК- и ПМР-спектроскопии была предложена вышеприведенная формула полученного сополимера.

Наряду с привитой сополимеризацией децилметакрилата идет и его гомополимеризация. Таким образом, в результате процесса образуется смесь следующих продуктов: привитой сополимер, гомополимер децилметакрилата и непрореагировавший олигомер гексена-1. Разделить друг от друга продукты невозможен и нет необходимости в таком разделении, т.к., все три продукта хорошо растворяются в нефтяных маслах и комплексно влияют на их вязкостно-температурные свойства.

При добавлении к маслу М-6 1-3% привитого сополимера индекс вязкости полученных масел колеблется в интервале 98-104 единиц. Дальнейшее увеличение концентрации сополимера не приводит к положительному эффекту, так как с увеличением концентрации усиливается межмолекулярное взаимодействие между макромолекулами сополимера, он теряет свободу вращения, т.е. обедняется набор конформаций макромолекулы, которые она могла принимать в растворе и вязкость композиции больше зависит от температуры.

Проведенные исследования показали, что по улучшению вязкостно-температурных свойств нефтяных масел синтезированные сополимеры находятся на одинаковом уровне с известными вязкостными присадками, а по устойчивости к деструктивным воздействиям в 1,5-1,7 раза превосходят их, т.е. химическая модификация дает возможность проводить направленный синтез с получением образцов полимерных соединений с заданными эксплутационными характеристиками.

Определенный интерес представляет исследования, основанные на использовании в качестве исходного дешевого местного сырья.

С другой стороны, сравнительный анализ существующих видов вязкостных присадок показал, что наилучшим мономером для синтеза вязкостных присадок является ненасыщенные сложные эфиры.

В условиях Азербайджана реальным сложноэфирным мономером могут быть аллиловые эфиры нафтеновых кислот, так как бакинские нефти богаты нафтеновыми кислотами, а аллиловый спирт имеет потенциальные сырьевые ресурсы.

Аллиловые эфиры нафтеновых кислот были синтезированы в лабораторных условиях по известной методике получения сложных эфиров, взаимодействием нафтеновых кислот с аллиловым спиртом, которые имели следующие показатели: n_D^{20}=1,4197-1,4207, интервал перегонки 220-250°C, молекулярная масса 200-230.

Исходя из изложенного, аллилнафтенаты были подвергнуты сополимеризации с эфирами метакриловой кислоты по радикальному механизму. Установлено, что синтезированные сополимеры превосходят известные вязкостные присадки по устойчивости к термическим и механическим воздействиям.

При этом получены сополимеры молекулярной массы 7000-12000 с выходом 75-95%. Содержание звеньев аллилнафтената в сополимере должно быть не более чем 30% (масс), в противном случае выход и молекулярная масса резко снижаются.

Состав и структура синтезированных сополимеров изучены методами ИК- , ПМР-спектроскопии и элементного анализа. В ИК-спектре имеется полоса поглощения с частотой 1780 см$^{-1}$, характерная для сложноэфирных групп и полоса поглощения с частотой 1385 см$^{-1}$, которая характеризует метильную группу в метакрилатных звеньях.

В ПМР-спектре присутствуют сигналы, которые были отнесены к следующим группам: —COCH$_2$— - 3,63 м.д.,   H$_3$C—C—0,8 м.д.

(с ‖O под COCH$_2$)

Результаты проведенных исследований показали, что при этом образуются истинные сополимеры с чередующимися мономерными звеньями в макромолекулярной цепи и для синтезированных сополимеров предложена следующая общая формула:

$$\left[\left(CH_2-\underset{\underset{COOR}{|}}{\overset{\overset{CH_3}{|}}{C}}\right)_n - CH_2 - \underset{\underset{CH_2OCO\,R'}{|}}{CH} -\right]_m$$

где n=2-11, m=7-25, R=C$_4$, C$_{10}$, R^1 – радикал нафтеновой кислоты

Использование сополимеров алкилметакрилатов с аллилнафтенатами в качестве вязкостных присадок к маловязким нефтяным маслам показало, что сополимер молекулярной массы 10000 в концентрации 1% увеличивает вязкость базового масла 1 сСт при 100°C; при этом индекс вязкости повышается на 13-15 единиц. По указанным показателям исследуемые образцы находятся на одинаковом уровне с известными вязкостными присадками, а по устойчивости к деструктивным воздействиям превосходят их, что является результатом сополимеризации, т.е. химической модификации структуры вязкостных присадок полиалкилметакрилатного типа.

Химическая модификация самих полиалкилметакрилатов, с целью получения вязкостных присадок устойчивых к деструктивным воздействиям, связана с некоторыми трудностями, обусловленными отсутствием реакционных центров в молекуле. Поэтому целесообразно было бы на стадии синтеза полиалкилметакрилатов вводить в состав молекулы реакционноспособную функциональную группу или группу, содержащую подвижный атом водорода, которого легко заменить на другие функциональные группы или элементы с целью получения вязкостных присадок полифункционального действия. Исходя из изложенного проводилась двойная сополимеризация децилметакрилата с малеиновым ангидридом и как уже было сказано, с аллиловым спиртом.

Как известно, малеиновый ангидрид и аллиловый спирт не образуют гомополимера по радикальному механизму. Введение их в процесс сополимеризации с децилметакрилатом приводит, по-видимому, к обрыву полимерной цепи. При этом общая скорость полимеризации снижается, образующийся полимер характеризуется более узким молекулярно-массовым распределением, чем гомополимер децилметакрилата, а также более однородным составом. Последнее положительно сказывается на эксплуатационных качествах сополимеров.

Увеличение содержания малеинового ангидрида в исходной смеси мономеров приводит к снижению значения молекулярной массы и выхода. Значит малеиновый ангидрид участвует в процессе прекращения роста цепи и изменением его количества можно регулировать молекулярную массу, выход и кислотное число сополимеров.

В результате проведенных исследований были получены сополимеры с молекулярной массой 8000-10000, с выходом 93,5-97,2%, содержанием звеньев малеинового ангидрида 10-15%; значение кислотного числа сополимера составляет 70-90 мгКОН/г.

В ИК-спектре сополимера присутствуют полосы поглощения с частотами 1720, 1725 и 1760 см$^{-1}$, характеризующие карбонильные группы.

В ПМР-спектре присутствуют сигналы, которые были отнесены следующим группам: — COCH$_2$C — 3,6 м.д., H$_3$C — CO — 0,8 м.д., C — CH$_2$ — C — OCOC — 1,93 м.д., C — CH$_2$ — O — 1,2 м.д., CH — C — C — 2,53 м.д.

Экспериментальным подтверждением образования истинного сополимера при сополимеризации децилметакрилата с малеиновым ангидридом может служить определение констант сополимеризации, которые составляют:

для децилметакрилата r = 1,75

для малеинового ангидрида r = 0.

Произведение значений констант сополимеризации $r_1 \cdot r_2 = 0$, что говорит об образовании сополимера с чередующимися мономерными звеньями.

На основании проведенных исследований предложена следующая общая формула для сополимера децилметакрилата с малеиновым ангидридом:

где n 1-2, m = 8-12

Как уже отметили, количество аллиловых мономеров в составе сополимера не может быть более чем 50 мол.%, к такому содержанию соответствует 20% масс. аллилового спирта. Поэтому увеличение концентрации аллилового спирта в исходной смеси более чем 10% масс. нежелательно и его количество определяется исходя из конкретного требования к составу сополимера.

Изучение процесса сополимеризации показало, что при этом образуется смесь истинного сополимера децилметакрилата с аллиловым спиртом и гомополимера децилметакрилата, что подтверждено определением состава и структуры сополимеров методами ИК-и ПМР-спектроскопии, а также элементным анализом.

В ИК-спектре присутствуют полосы поглощения с частотами: 1720, 1725 и 1760 см$^{-1}$, которые характеризуют звенья децилметакрилата, 720 см$^{-1}$ характеризует $(CH_2)_n$ – группы (n≥4), а 1430 см$^{-1}$ –CH_2OH группу.

Сигналы в ПМР-спектре (в м.д.) отнесены к следующим группам: 1,0 – к –С–CH_2–С–; 2,1 – к –С–CH_2–СО–С; 3,83 – к –С–CH_2–ОС(О)–С.

Обобщая результаты проведенных количественных исследований по сополимеризации децилметакрилата с аллиловым спиртом предложена общая формула для полученного сополимера, которая отражает приблизительную последовательность присоединения мономерных звеньев в полимерной цепи:

$$\left[\left(CH_2 - \underset{\underset{COOC_{10}H_{21}}{|}}{\overset{\overset{CH_3}{|}}{C}} \right)_2 - CH_2 - \underset{\underset{CH_2OH}{|}}{CH} \right]_n$$

где n колеблется в интервале 18-24, молекулярная масса сополимера – 9000-12000.

Сравнительное исследование термической устойчивости синтезированных сополимеров и полидецилметакрилата показало, что при термической обработке 5%-ных растворов указанных полимеров в течение 12 часов при температуре 200^oC снижение вязкости растворов за счет деструкции составляет 4,0% и 9,5% соответственно. Таким образом, введение лишь звеньев аллилового спирта в полимерную цепь приводит к химической модификации структуры полиалкилметакрилата, что положительно сказывается на его стабильности против термической деструкции и оправдывает процесс сополимеризации как метод химической модификации структуры полимерных соединений с целью получения полимерных соединений с заданными эксплуатационными характеристиками.

Положительные результаты предварительных исследований позволяют продолжать работы в направлении получения полифункциональных полимерных присадок на основе сополимеров децилметакрилата как с малеиновым ангидридом, так и с аллиловым спиртом.

Следует отметить, что вязкостные присадки используются не только в составе нефтяных масел, они применяются и для повышения уровня вязкости синтетических масел, так как известные сложноэфирные масла имеют низкую кинематическую вязкость при температуре 100^oC (3-5 мм^2/с) и без загущения не могут быть использованы в качестве основы смазочных композиций различного назначения. Специальные вязкостные присадки к синтетическим маслам не разработаны, поэтому последние загущают присадками, применяемыми для нефтяных масел, напр., полиалкилметакрилатами. Однако синтетические масла работают в более жестких условиях, чем нефтяные, и как отметили, известные вязкостные присадки не удовлетворяют требованиям нефтяных масел. С другой стороны, в составе нефтяных масел используются полиалкилметакрилаты с длинными боковыми цепями (C_6 и выше) и удлинение боковой цепи приводит к снижению устойчивости полимера к деструкции.

С учетом отмеченных нюансов вязкостные присадки к сложноэфирным маслам (напр., пентаэритритовые эфиры) синтезировали на основе бутилметакрилата, который при достаточно больших ресурсах намного дешевле длинноцепных алкилметакрилатов и его полимеры более устойчивы к деструкции, чем полимеры длинноцепных алкилметакрилатов, но этого недостаточно. Для достижения более высоких эффектов бутилметакрилат был сополимеризован: со стиролом, α-олефинами, инденом, дициклопентадиеном и о-аллилфенолом.

Использование синтезированных сополимеров в составе сложноэфирных масел (диалкилфталатов и пентаэритритового эфира) показало, что они повышая уровень вязкости масел, сообщают им антиокислительные и антикоррозионные свойства, что дает возможность разрабатывать полифункциональные вязкостные присадки путем лишь сополимеризации.

Таким образом, анализ проведенных исследований в направлении разработки вязкостных присадок к нефтяным и синтетическим сложноэфирным маслам показывает, что зная закономерности сополимеризации, правильно подбирая сомономеры и рационально используя полученные сополимеры в зависимости от конкретного требования к качеству вязкостных присадок, можно создавать смазочные композиции как на нефтяной, так и на синтетических основах, отвечающие требованиям современной техники.

Если синтезируемая вязкостная присадка предназначена для маловязких нефтяных масел нафтенопарафиновой основы, то целесообразнее использовать сополимеры алкилметакрилатов со стиролом: ароматический фрагмент повышает термоокислительную стабильность масла, мало ухудшая его вязкостно-температурные характеристики; для получения моторного масла загущением маловязкой ароматической основы лучше использовать сополимеры с тетрадеценом, так как ароматические фрагменты могут значительно ухудшить низкотемпературные свойства масла. Следует также отметить, что при синтезе вязкостных присадок к нефтяным маслам в составе исходной смеси мономеров можно использовать более дешевый и доступный бутилметакрилат, но не более чем 20% от массы высших алкилметакрилатов, в противном случае получаются нерастворимые в нефтяных маслах сополимеры, но они могут быть использованы в качестве вязкостных присадок к сложноэфирным маслам.

Однако, для сложноэфирных масел более рациональным вариантом синтеза вязкостных присадок является сополимеризация бутилметакрилата со стиролом.

Нами был синтезирован тройной сополимер гексена-1, дициклопентадиена и децилметакрилата по радикальному механизму в присутствии инициатора и изучены вязкостно-температурные свойства их в масле И-12А (табл. 15). Вязкость масла И-12А при $100^{\circ}C$ доведена до ~8 мм^2/с с добавлением образцами сополимеров одиноковой молекулярной массой 10000.

Как видно из таблицы, исследуемые образцы по улучшению вязкостно-температурные свойства масла И-12А близки. Следует отметить, что с увеличением количества дициклопентадиеновых звеньев в составе тройного сополимера увеличивается вязкость масла при минус $18^{\circ}C$, так как с вовлечением в состав нефтяных масел циклических фрагментов, ухудшаются их вязкостно-температурные свойства. В исследуемых образцах это ухудшение в пределах нормы – индекс вязкости загущенного масла с вязкостью при $100^{\circ}C$ 8 мм^2/с должен быть не менее 125, значение кинематической вязкости при минус 18°С – не больше 2600 мм²/с. В сополимерах с дициклопентадиеновыми звеньями указанные показатели составляют соответственно 147-148 и 1320-1350 мм²/с.

Таблица 15. Вязкостно-температурные свойства масла И-12А с загущающими присадками

Тройной сополимер		Характеристика загущенного масла		
мономерный состав,%		кинематическая вязкость, мм²/с		индекс вязкости
дициклопентадиен	гексен-1	при 100°С	при -18°С	
-	20	8,26	1200	150
-	10	8,21	1210	152
10	-	8,03	1280	148
20	-	8,14	1350	147
10	10	8,00	1240	150
10	20	7,79	1190	150
20	10	8,01	1320	148
Привитой сополимер		8,23	1230	150
Полидецилметакрилат		8,10	1200	150

Термическая деструкция изученных образцов была определена по известной методике нагреванием их 5%-ных растворов в турбинном масле «Л» в течение 12 часов при 200°С.результаты испытаний приведены в табл. 16.

Как видно из таблицы 16, тройной сополимер по термоустойчивости превосходит двойных сополимеров децилметакрилата с дициклопентадиеном и гексен-1-ом, а так же промышленные присадки такие как полидецилметакрилат и полиалкилметакрилаты. Если снижение вязкости масла , загушенного тройным сополимером, составляет 3,1 – 6,0, тогда как для двойных сополимеров и гомополимеров этот показатель –в интервалах 4,9-9,5% и 17,8-17,9% соответственно. Отсюда можно резюмировать, что вовлечение дициклопентадиеновых звеньев в состав сополимера повышает стабильность полученного соединения к термическим воздействиям. Это связано с одной стороны, циклической структурой дициклопентадиена, с другой стороны, с образованием новой химической связи, которая прочнее связи С-С в сополимерах с прямолинейными цепями.

Таблица 16. Термическая деструкция исследуемых образцов

Характеристика сополимеров			Снижение вязкости турбинного масла «Л» при деструкции, %
молекулярная масса	количество мономеров, %		
	дициклопентадиен	гексен-1	
Тройной сополимер децилметакрилата			
15000	10	10	6,0
16000	20	10	3,1
10000	10	20	5,4
Сополимер децилметакрилата с гексеном-1			
10000	-	20	9,4
Сополимер децилметакрилата с дициклопентадиеном			
10000	20	-	4,9
Полидецилметакрилат			
13000	-	-	17,8
Промышленная присадка ПМА «В-2»			
13000	-	-	17,9

ЗАКЛЮЧЕНИЕ

В конце монографии хотелось бы – сформулировать взгляд на проблему получения вязкостных присадок, обладающих высокой устойчивостью к термическим и механическим воздействиям в условиях эксплуатации в составе смазочных масел, так как общим недостатком применяемых в настоящее время вязкостных присадок является их низкая устойчивость к деструктивным воздействиям.

Основной причиной деструкции является неравномерность распределения внешних воздействий по отдельным связям. Энергия, необходимая для перемещения молекулы вязкостной присадки, превышает энергию С-С связи, в результате чего происходит разрыв отдельных связей макромолекул, оказавшихся в зоне случайной концентрации деструктивных воздействий и, как следствие, происходит уменьшение молекулярной массы и вязкости загущенных масел.

При термической и механической деструкции вязкостных присадок в растворе масел наряду с разрывом основной цепи происходят: окисление углеводородов, как присадки, так и масла, т.е. термоокисление, отрыв боковых ответвлений, получение низкомолекулярных побочных продуктов и снижение степени полидисперсности, так как деструкции, в первую очередь, подвергаются относительно высокомолекулярные фракции. С течением времени в системе накапливаются фракции с близкими значениями молекулярной массы, позволяющие макромолекуле передвигаться без разрыва С-С связей.

В ряде случаев под влиянием высокой температуры, наряду с термической деструкцией, происходит и деполимеризация, т.е. отрыв мономерных звеньев с конца полимерной цепи. Механизм деструкции зависит от структурыных особенностей вязкостной присадки.

Следует отметить, что вязкостные присадки входят в состав смазочной композиции, которая наряду с другими компонентами содержат и антиоксидант, защищающий композиции (в том числе и вязкостной присадки) от окисления кислородом воздуха во время работы двигателя. Это не приведет к термоокислению, а произойдет лишь разрыв C – C связи.

Во время работы горячего двигателя размеры механической деструкции совсем незначительны, так как под влиянием температуры вязкость смазочного масла снижается и под механическим воздействием молекулы вязкостной присадки могут перемещаться свободно без разрыва C – C связи. Механическая деструкция вязкостных присадок, в основном, происходит во время пуска холодного двигателя, когда вязкость смазочного масла высока.

Таким образом, термическая и механическая деструкция являются сложными процессами, зависящими от многих факторов, знание которых дает возможность правильно подбирать вязкостные присадки, контролировать их поведение и проводить направленный синтез полимерных соединений с необходимыми свойствами.

Следует отметить, что с созданием новых видов двигателей, в которых масла работают в более жестких условиях, традиционные вязкостные присадки перестали удовлетворять возросшим требованиям парка автотракторной техники. Поэтому расширение и углубление исследований по разработке новых, высокоустойчивых к деструктивным воздействиям вязкостных присадок является весьма важной проблемой современной нефтехимии.

Необходимо также отметить, что если раньше основным критерием загущенных масел являлся их индекс вязкости, то сейчас большое значение приобретает обязательное сочетание высокого индекса вязкости с хорошими низкотемпературными свойствами. Это требование отражено и в стандартах на загущенные масла, где вязкость нормируется при температуре минус 18°C.

С целью увеличения устойчивости вязкостных присадок к деструкции используются различные приемы. Так, применение различных азот- и серосодержащих присадок в составе загущенных масел увеличивает их устойчивость к деструкции. Однако здесь имеется проблема совместимости и летучести низкомолекулярных соединений.

Более простым и надежным способом повышения деструктивной устойчивости вязкостных присадок является химическая модификация их структуры, т.е. сополимеризация основного мономера с незначительным количеством стабилизирущего мономера. Таким мономером может, служит стирол, который обладает дешевыми и доступными сырьевыми ресурсами. Следует отметить, что здесь тоже имеются свои трудности, так как стирол обладает склонностью к гомополимеризации, и образовавшийся в процессе полистирол в маслах не растворяется и создает технологические трудности, связанные с отделением основного продукта от полистирола, и не дает возможности введения необходимого количества стирольных звеньев в молекулу вязкостных присадок. Такого рода затруднения наблюдались при сополимеризации изобутилена и гексена-1 со стиролом в присутствии $AlCl_3$.

Образование гомополистирола не наблюдалось при проведении сополимеризации алкил(мет)акрилатов со стиролом по радикальному механизму. По-видимому, свое влияние оказали природа заместителей винильной группы в молекулах стирола и алкил(мет)акрилатов и механизм полимеризации.

Наряду со стиролом, при получении стабильных к деструктивным воздействиям вязкостных присадок использовали и алкил-, диалкил-, галоид- и дигалоидпроизводные стирола. Полученные результаты по использованию синтезированных сополимеров в качестве вязкостных присадок мало отличались друг от друга. Поэтому преимущество здесь следует отдавать мономеру, обладающему свободными сырьевыми ресурсами.

Как выясняется, введение циклических (ароматические углеводороды) фрагментов в открытую цепь вязкостных присадок на основе виниловых мономеров приводит к получению стабильных вязкостных присадок. Однако здесь стабилизирующее влияние ароматических углеводородов передается через боковую цепь, так как природа основной цепи не меняется.

$$\cdots - CH_2 - CH - CH_2 - CH - \cdots$$

При использовании в качестве сомономера карбоциклических углеводородов – дициклопентадиена и индена изменяется природа основной цепи вязкостной присадки – появляется связь $C_{алиф} - C_{карбоцикл}$, которая прочнее $C_{алиф} - C_{алиф}$.

Полученные таким путем двойные сополимеры изобутилена, гексена или децилметакрилата с дициклопентадиеном или инденом обладали дополнительно антикоррозионными и антиокислительными свойствами.

Как известно, коррозия является следствием окисления, т.е. ее вызывают продукты окисления углеводородов нефтяных масел. Поэтому если присадка обладает антиокислительными свойствами, то она и предотвращает коррозию.

Таким образом, правильно подбирая сомономер основного мономера, используемого в синтезе вязкостных присадок, можно получить полифункциональную присадку, т.е. сополимеризация позволяет синтезировать присадки полифункционального действия без функциональной группы.

Следует отметить, что стабильность вязкостных присадок зависит не только от состава используемого полимерного соединения. Здесь важную роль играют значение молекулярной массы, молекулярно-массовое и композиционное распределение, механизм синтеза вязкостных присадок и т.д.

Таким образом, метод сополимеризации дает возможность проводит направленный синтез полимерных соединений в качестве вязкостноых присадок с заданными эксплуатационными характеристиками.

Так, например, алкил(мет)акрилаты полимеризуются по радикальному механизму с высокой скоростью, в результате образуются полимерные соединения с широким молекулярно-массовым распределением и «дефектными цепями», т.е. с нарушением порядка присоединения мономерной молекулы в растущей цепи. Все эти моменты приводят к получению вязкостной присадки, обладающей низкой устойчивостью к деструктивным явлениям.

Известно, что высшие α-олефины по радикальному механизму не полимеризуются, но вступают в реакцию сополимеризации. При этом процесс сополимеризации происходит более гладко, без «флуктуаций», чем например, полимеризация алкилметакрилатов, и в результате получаются более однородные по молекулярной массе полимерные соединения, обладающие более высокой устойчивостью к деструкции в составе масел, чем соответствующие гомополимеры. Так сополимеризацией децилметакрилата с тетрадеценом по радикальному механизму были получены вязкостные присадки, обладающие не только высокой устойчивостью к деструкции, но и депрессорными свойствами, так как сополимер содержит радикал $C_{12}H_{23}$. Депрессорными свойствами, как известно, обладают полимерные соединения, имеющие радикал C_{12} и выше.

Таким образом, получение термически и механически устойчивых вязкостных присадок требует научно обоснованного, серьезного подхода к проблеме. Во-первых, сам процесс получения вязкостных присадок должен быть экологически чистым и базироваться на дешевом и доступном нефтехимическом сырье. Далее, полученная присадка должна иметь высокую устойчивость к деструктивным воздействиями и указанные свойства сочетать с хорошими вязкостно-температурными свойствами, т.е. обеспечивать незначительное изменение вязкости загущенных масел при положительных и отрицательных температурах.

Из существующих методов получения вязкостных присадок радикальная полимеризация дает возможность их синтеза по экологически чистой технологии – она проще ионной полимеризации, легко регулируется, хорошо изучена и отсутствует стадия очистки продуктов реакции от остатков катализатора, имевшей место в ионной полимеризации.

Проведенные исследования показывают, что среди вязкостных присадок хорошую вязкостно-температурную характеристику загущенным маслам обеспечивают присадки полиалкилметакрилатного типа, однако они малоустойчивы к деструктивным воздействиям, дорогостоящие и исходные соединения для их синтеза в Азербайджане не производятся.

Сравнительный анализ как методов синтеза вязкостных присадок, так и их функциональных свойств в составе масел показал, что более простым путем синтеза их является радикальная (со)полимеризация, а наилучшим мономером – ненасыщенные сложные эфиры, так как анологичные полимеры дают возможность получить более высококачественные загущенные масла по вязкостно-температурным характеристикам, особенно при отрицательных температурах, чем полимеры α-олефинов.

Устойчивость к деструкции может быть регулирована использованием относительно низкомолекулярного полимерного соединения, путем сополимеризации, антиокислительными присадками и т.д.

В условиях Азербайджана реальным сложноэфирным мономером могут быть аллиловые эфиры нафтеновых кислот, так как, Бакинские нефти богаты нафтеновыми кислотами, а аллиловый спирт имеет потенциальные сырьевые ресурсы.

Как известно, аллиловые мономеры в отдельности не полимеризуются, или при полимеризации они образуют низкомолекулярные полимеры, не представляющие интерес в качестве вязкостных присадок. Исходя из изложенного, используя аллиловые эфиры в качестве сомономера алкил(мет)акрилатов, синтезировали вязкостные присадки. Интересно отметить, что процесс ведется по радикальному механизму, аллиловые эфиры, вступая в сополимеризацию с другими ненасыщенными эфирами, снижают общую скорость процесса, что положительно отражается на физико-механических свойствах полученных соединений, т.е. при этом выполняются некоторые вышеизложенные аспекты синтеза вязкостных присадок. Исследования в направлении получения вязкостных присадок с использованием аллиловых мономеров продолжаются.

СПИСОК ИСПОЛЬЗОВАННЫХ ЛИТЕРАТУРЫ

1. А.И.Ахмедов. О синтезе стабильных к деструктивным воздействиям вязкостных присадок // Азербайджанское нефтяное хозяйство, 2005, №1, с. 40-45.

2. А.И.Ахмедов, З.А.Лачинова, Д.Ш.Гамидова, Э.У.Исаков. Сополимеры алкилметакрилатов с α-олефинами в качестве вязкостных присадок к маслам // Азербайджанский химический журнал, 2006, № 4, с. 117-120.

3. А.И.Ахмедов, Э.И.Гасанова, Д.Ш.Гамидова, Э.У.Исаков. Вязкостные присадки к смазочным маслам на основе алкилметакрилатов и аллиловых мономеров // Журнал прикладной химии, 2007, Т.80, вып. 8, с. 1403-1405.

4. А.И.Ахмедов, З.А.Лачинова, Д.Ш.Гамидова, Э.У.Исаков. Сополимеры аллилнафтената с бутилметакрилатом как вязкостных присадок к смазочным маслам // Азербайджанский химический журнал, 2007, № 1, с. 81-83.

5. А.И.Ахмедов, З.А.Лачинова, Д.Ш.Гамидова, Э.У.Исаков. Соолигомеры аллилнафтенатов и виниловых мономеров как вязкостные присадки // Химия и технология топлив и масел, 2007, № 4, с. 35-36.

6. А.И.Ахмедов, Э.И.Гасанова, Д.Ш.Гамидова, Э.У.Исаков. Термическая деструкция сополимеров бутилметакрилата со стиролом // Азербайджанское нефтяное хозяйство, 2008, №4, с. 60-62.

7. А.И.Ахмедов, Э.У.Исаков, Х.А.Аскерова, Д.Ш.Гамидова. Результаты исследований по изучению сополимеров с инденовыми звеньями в качестве вязкостных присадок к маслам // Нефтепереработка и нефтехимия, 2009, № 3, с. 31-33.

8. В.М.Фарзалиев, Х.А.Аскерова, А.И.Ахмедов, Д.Ш.Гамидова, Э.У.Исаков. Сополимеры алкилакрилатов со стиролом в качестве вязкостных присадок к нефтяным маслам. // Азербайджанский химический журнал, 2009, № 4, с. 16-18.

9. А.И.Ахмедов, Х.А.Аскерова, Э.У.Исаков, Д.Ш.Гамидова. Синтез вязкостных присадок к смазочным маслам сополимеризацией бутилметакрилата с аллилнафтенатами и α-олефинами C_6–C_{12} // Нефтепереработка и нефтехимия, 2009, № 5, с. 31-32.

10. Х.А.Аскерова, А.И.Ахмедов, Д.Ш.Гамидова, Э.У.Исаков. Синтез вязкостных присадок типа химически модифицированных полиакрилатов // Азербайджанское нефтяное хозяйство, 2010, №12, с. 42-44.

11. А.И.Ахмедов, Э.И.Гасанова, Т.Х.Акчурина, Д.Ш.Гамидова, Э.У.Исаков. Изучение термической устойчивости сополимеров алкилметакрилатов с о-аллилфенолом // Журнал прикладной химии, 2011, Т.84, вып. 4, с. 639-642.

12. В.М.Фарзалиев, Х.А.Аскерова, А.И.Ахмедов, З.А.Лачинова, Д.Ш.Гамидова, Э.У.Исаков, Ф.Д.Адигезалова. Синтез сополимеров алкилакрилатов с гексеном-1 как вязкостных присадок к нефтяным маслам // Нефтепереработка и нефтехимия, 2011, № 10, с. 36-38.

13. А.И.Ахмедов, Х.А.Аскерова, Д.Ш.Гамидова, Э.У.Исаков. Химически модифицированные полиалкилметакрилаты в качестве вязкостных присадок к нефтяным и синтетическим сложноэфирным маслам // Нефтепереработка и нефтехимия, 2012, № 3, с. 39-44.

14. Э.У.Исаков. Синтез сополимеров C_{12}–C_{16} алкилметакрилатов со стиролом и исследование их в качестве вязкостных и депрессорных присадок // Азербайджанский химический журнал, 2012, № 4, с. 67-69.

15. В.М.Фарзалиев, А.И.Ахмедов, Д.Ш.Гамидова, Э.У.Исаков, Н.А.Талышова. Синтез привитых сополимеров на основе олигомеров гексена-1 и исследование их в качестве вязкостных присадок // Журнал прикладной химии, 2012, Т.85, вып. 2, с. 297-302.

16. В.М.Фарзалиев, Э.И.Гасанова, А.И.Ахмедов. Синтез сополимеров децилмета-крилата с аллилфенолом и исследование их как вязкостные присадки к нефтяным маслам // Журнал прикладной химии, 2012, Т.85, вып. 10, с. 1717-1719.

17. А.И.Ахмедов, С.Т.Мехтиева, Д.Ш.Гамидова. Синтез диполиалкилтиофосфатов – полифункциональных присадок к нефтяным маслам // Нефтепереработка и нефтехимия, 2012, № 12, с. 42-44.

18. С.Т.Мехтиева, А.И.Ахмедов, Э.И.Мамедов. Получение фосфор- и серосодержащей полимерной присадки полиалкилметакрилатного типа // Азербайджанское нефтяное хозяйство, 2013, №2, с. 39-41.

19. Э.У.Исаков. Альфа-олефины C_6–C_{14} в синтезе присадок к смазочным маслам // Нефтепереработка и нефтехимия, 2013, № 3, с. 30-33.

20. Э.У.Исаков. Механическая деструкция масел, загущенных сополимерами децилметакрилата с циклическими мономерами // Нефтепереработка и нефтехимия, 2013, № 10, с. 52-53.

21. А.И.Ахмедов, Н.А.Талышова. Исследование тройных сополимеров гексена-1, дициклопентадиена и децилметакрилата как вязкостные присадки // Материалы конфранса посвященному 105-летию академика М.Ф.Нагиева, Баку - 2013, II том, с.242-244.

22. Ahmadov A.I., Hamidova J.Sh., Isakov E.U., Hasanova E.I. Synthesis of copolymers of decylmethacrylate with 4-methylpentene-1 as a viscosity additive // «Austrian Journal of Technical and Natural Sciences», January-February, 2014, № 1, pp.

23. Патент Азербайджана İ 2004 0053. А.И.Ахмедов, Д.Ш.Гамидова, А.А.Джавадова, Т.И.Шамил-заде. Сополимеры аллилнафтената с бутилметакрилатом как вязкостные присадки к нефтяным маслам.

24. Патент Азербайджана I 2007 0213. А.И.Ахмедов, Э.И.Гасанова, Д.Ш.Гамидова, Э.У.Исаков. Сополимеры бутилметакрилата с аллилфенолом как вязкостные присадки к сложноэфирным маслам.

25. Патент Азербайджана I 2007 0214. А.И.Ахмедов, Д.Ш.Гамидова, З.А.Лачинова, Ф.Д.Адигезалова. Тройной сополимер бутилметакрилата, аллилнафтената и стирола как вязкостная присадка к сложноэфирным маслам.

Printed by Books on Demand GmbH, Norderstedt / Germany